海底資源

・7＿＿＿＿＿＿＿＿＿＿＿＿＿＿（メタン水和物）

　メタン：都市ガスの主成分

　日本列島周辺に，現在の日本の天然ガス使用量の数十年分が埋蔵されているとされる

・鉱物資源

　熱水鉱床，8＿＿＿＿＿＿＿＿＿，コバルトリッチクラスト，9＿＿＿＿＿＿＿＿泥
　などが存在している

　陸上資源よりも希少な金属の含有率が高く，量も多い

・発電

　潮流，10＿＿＿＿＿，海洋温度差，11＿＿＿＿力など，さまざまな可能性がある

土

土壌とはなにか

$\left[\begin{array}{l}\end{array}\right.$ 12＿＿＿＿＿…砂や泥からなる土の粒子

　　　　落ち葉などが腐った有機物

　　　　小さな虫やカビ，キノコなどの生物

13＿＿＿＿＿…水

14＿＿＿＿＿…空気

土壌の形成

　1）岩石が破砕される

　2）植物の枝や葉が落ちて有機物を供給する

　3）動物，15＿＿＿＿＿＿が分解して土壌ができる

自然界での土壌の役割

　(1) 16＿＿＿＿＿を支え，育てる

　(2) 水と空気をたくわえる

　　　→地球上の 17＿＿＿＿＿の重要な経路となっている

　(3) 微生物や小動物が 18＿＿＿＿や 19＿＿＿＿＿，有機物を分解し，遊離した
　　　元素は大気・土壌に放出され，再び生物に利用される

●Memo●

農地の生物たち

- 微生物

  20＿＿＿＿＿＿＿など：空気中の窒素を植物が利用できるようにする

  菌根菌：植物の根と共生して，養分や水分の吸収を助ける

  病原体となる微生物

- 小動物

  21＿＿＿＿＿＿：作物を食べるもの

  益虫：21＿＿＿＿＿＿を食べるもの

- 植物

  作物以外にも，雑草が生える

- 野生鳥獣

  山地にくらす鳥獣が農地に現れ害を及ぼすことがある

  →作物の栽培とさまざまな生物が適切に生息できる 22＿＿＿＿＿＿とを両立させる農業が課題

肥料

窒素，23＿＿＿＿＿＿，カリウムが不足しやすい

窒素は，24＿＿＿＿＿＿＿に欠かせない元素で，肥料として重要

→ 25＿＿＿＿＿＿により大量に供給されるようになった

→流出による 26＿＿＿＿＿への影響や資源枯渇の問題に注意する必要がある

科学技術の活用

- 再生可能エネルギー

  化石燃料だけでなく，27＿＿＿＿＿，風力，28＿＿＿＿＿＿＿などの再生可能エネルギーの活用を考える必要がある

- バイオテクノロジー

  DNA を操作することで，作物の改良を短期間で行えるようになった

  →生態系への影響，食べものとしての安全性には配慮が必要

- コンピュータ

  コンピュータを用いて作物と環境についてのデータをとり，活用することが重要

●Memo●

4

もくじ

Contents

1 科学と技術の発展 p.8〜22

 科学と技術の始まり

地球上でくらす多様な生き物は，それぞれの特徴をいかしながらくらしている。
その中で，人間の特徴の一つは技術をもつことである。

人名	功績
コペルニクス	自然を観察して1＿＿＿＿＿＿を提唱した
ガリレオ	望遠鏡での天体観測から地動説を確立させた
デカルト	「自然は機械として理解できる」という機械論を提唱した
2＿＿＿＿＿＿＿	万有引力の法則を発見した

 海

海中の生態系

生産者…3＿＿＿＿＿＿をする 4＿＿＿＿＿＿＿＿＿＿や海藻

消費者…プランクトンを食べるプランクトン，小魚，大きな魚

→5＿＿＿＿＿＿＿が成立している

海底にあるプレート

・プレートテクトニクス

…6＿＿＿＿＿＿＿の移動によって大陸が移動し
たり，海底が拡大したりしている

火山や地震は，この動きで作られる

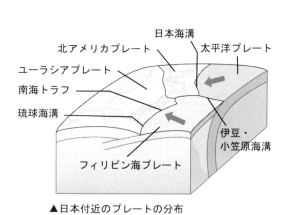

▲日本付近のプレートの分布

●Memo●

Check

□**1** 海中の生態系において，光合成をする生産者を二つ答えよ。

1 _____

□**2** 深海において生産者の役割をしている生物は，どのような生物か。

2 _____

□**3** 多くの火山や地震を生み出しているのは，何の移動か答えよ。

3 _____

□**4** メタン分子が低温・高圧の深海底で水分子のかごに囲まれた構造をとり，白い氷のような状態で存在するものを何というか。

4 _____

□**5** 深海底に存在する，レアアースを高濃度に含む泥を何というか。

5 _____

□**6** 直径 2〜15 cm の楕円体のマンガン酸化物で，海底面上に分布するものを何というか。

6 _____

□**7** 土壌を構成するのは固相，気相と何か。

7 _____

□**8** マメ科植物の根と共生し，空気中の窒素を植物が利用できるようにする細菌は何か。

8 _____

□**9** 農地にいる生物のうち，作物を食べるのは害虫か，益虫か。

9 _____

□**10** 1913 年にアンモニアの合成に成功した科学者の名前を答えよ。

10 _____

□**11** バイオエタノールやバイオプラスチックなど，生物由来の資源のことを何というか。

11 _____

確認問題

1 次の各文について，正しい場合には〇を，誤っている場合には×を記せ。

1 _____

(1) 水深 2000m を超える深海では，光合成をする生物が生産者である。

(1) _____

(2) メタンハイドレートは，メタンを中心に水分子が周囲をとり囲んだ形の構造である。

(2) _____

(3) _____

(3) 熱水鉱床やレアアース泥など，深海底には多くの鉱物資源が存在するが，陸上資源に比べて希少な金属の含有率は低い。

(4) _____

(4) 土壌は岩石が破砕されてできたものなので，生物がいない場所でも形成される。

(5) _____

(5) 過剰に窒素肥料を使用した結果，窒素が流出することで，赤潮が発生することがある。

_____

2 農地における生物について，(1)〜(4)にあてはまる生物を〔語群〕から選んで答えよ。

2 _____

(1) 害虫を食べる肉食性の生物

(1) _____

(2) 植物の根と共生し，空気中の窒素を植物が利用できる形にする

(2) _____

(3) 植物の根と共生して，リン酸を集めたり，水分吸収を助けたりする

(3) _____

(4) 作物の病原体となる

(4) _____

| **語群** | 根粒菌　タバコモザイクウイルス　イノシシ　テントウムシ |
| | 菌根菌　シアノバクテリア　ハスモンヨトウ |

_____

●Memo●

●Memo●

日常生活で見る材料

○利用されることが多い材料

	金属	プラスチック	セラミックス
例	鍋 硬貨 アルミニウム缶 　　　　　　　など	ペットボトル コンタクトレンズ 　　　　　　　など	セラミックナイフ 5＿＿＿＿＿＿ かわら 　　　　　　　など
性質 など	特有の 1＿＿＿＿ がある 熱や電気を伝えやすい かたさや強度が優れている 2＿＿＿＿ として使われることが多い	軽い 3＿＿＿＿ しにくい 4＿＿＿＿ しやすい	石や粘土を焼き固めた材料

＊合金：2種類以上の金属などをとかし合わせた金属。

　　　6＿＿＿＿＿＿…1種類の物質だけからなるもの。

　　　　　例：酸素，窒素，水

　　　7＿＿＿＿＿＿…2種類以上の物質が混じり合っているもの。

　　　　　例：海水，牛乳

物質を構成する小さな粒子

物質…原子・分子・イオンが集まってできている。

　8＿＿＿＿…すべての物質を構成している粒子

　9＿＿＿＿…いくつかの原子が結びついた粒子

　10＿＿＿＿＿…原子が電子をとり入れたり放したりして電気を帯びた粒子

　　　11＿＿＿＿イオン：＋の電気を帯びたもの

　　　12＿＿＿＿イオン：－の電気を帯びたもの

●Memo●

○原子の構造

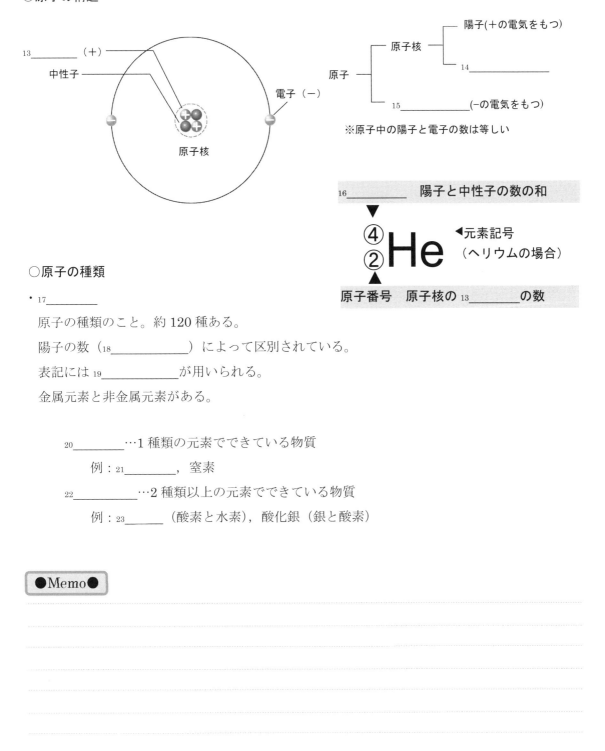

13_____（＋）

中性子

電子（−）

原子核

原子 ─┬─ 原子核 ─┬─ 陽子(＋の電気をもつ)
      │   └─ 14_____
      └─ 15_____ (−の電気をもつ)

※原子中の陽子と電子の数は等しい

16_____ 陽子と中性子の数の和

④ He ◀元素記号
② （ヘリウムの場合）

原子番号　原子核の 13_____ の数

○原子の種類

・17_____

　原子の種類のこと。約 120 種ある。

　陽子の数（18_____）によって区別されている。

　表記には 19_____が用いられる。

　金属元素と非金属元素がある。

　　　　20_____…1 種類の元素でできている物質

　　　　　例：21_____，窒素

　　　　22_____…2 種類以上の元素でできている物質

　　　　　例：23_____（酸素と水素），酸化銀（銀と酸素）

●Memo●

9

粒子をむすびつける化学結合

○元素の周期表

元素を原子番号順に並べると，性質が似たものが周期的に現れる

→この周期性を元素の 24＿＿＿＿＿＿＿という

→元素の周期表：24＿＿＿＿＿に従って元素を並べた表

○化学結合：物質を構成する粒子の結びつき

25＿＿＿＿＿＿＿・・・金属元素の原子どうしの結合

例：鉄

イオン結合・・・金属元素の原子と非金属元素の原子の結合

例：食塩

26＿＿＿＿＿＿＿・・・非金属元素の原子どうしの結合

例：ポリエチレン

○金属結合・・・27＿＿＿＿＿＿＿が金属原子どうしを結びつけている化学結合

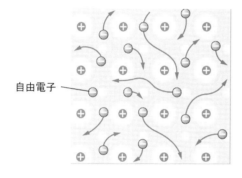

自由電子

27＿＿＿＿＿＿＿・・・金属原子の電子は原子から離れやすく，金属全体を自由に移動することができる

→・金属光沢

・熱や電気を伝えやすい

○28＿＿＿＿＿＿＿…陽イオンと陰イオンが電気的な力によって結びつく化学結合

イオン結合でできている結晶・・・イオン結晶

→・高い融点

・かたいがもろい

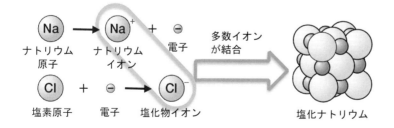

○**共有結合**···原子どうしが 15＿＿＿＿＿＿を出し合い，共有することで結びつく

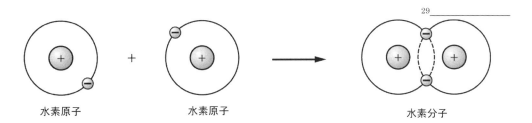

水素原子　　　　　　水素原子　　　　　　　　　　　水素分子

29＿＿＿＿＿＿＿＿

30＿＿＿＿＿＿＿···共有結合を形成するときに用いられる電子の数

単結合　　　　　···1組の共有電子対による共有結合
31＿＿＿＿＿＿＿···2組の共有電子対による共有結合
三重結合　　　　···3組の共有電子対による共有結合

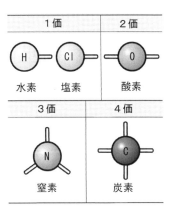

1価		2価
H	Cl	O
水素	塩素	酸素

3価	4価
N	C
窒素	炭素

32＿＿＿＿＿＿＿···元素記号と 8＿＿＿＿＿の数を用いて表した式

33＿＿＿＿＿＿＿···共有結合を線の数で表し，分子の構造を示した式

物質名		分子式	構造式	物質名		分子式	構造式
水素		H_2	H −H	塩素		Cl_2	Cl−Cl
水		H_2O	H−O−H	窒素		N_2	N≡N
アンモニア		NH_3	H−N−H | H	二酸化炭素		CO_2	O＝C＝O

34＿＿＿＿＿＿＿＿＿＿···35＿＿＿＿＿結合によって小さい分子が多数くり返しつながった，大きな分子

例：ポリエチレン（多数のエチレンが共有結合）

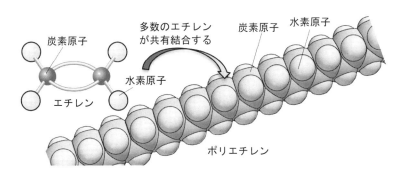

炭素原子　　　多数のエチレンが共有結合する　炭素原子　水素原子

水素原子

エチレン

ポリエチレン

2－1 ② 金属 p.30〜35

金属の利用と性質

○**金属の利用**　…古くから使われており，1＿＿＿＿＿時代・鉄器時代という特
　　　　　　　　徴的な時代区分をつくり出した

○**金属の特徴と性質**

…金属原子のまわりを自由電子が走り回り，
　どこをとっても同じ構造をしている

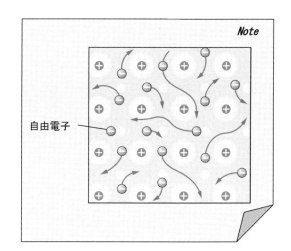

Note

自由電子

・かたくてじょうぶ
・2＿＿＿＿＿・3＿＿＿＿＿に富み，加工しやすい
・電気伝導性・4＿＿＿＿＿＿がよい
・表面が滑らかで独特の 5＿＿＿＿＿（金属光沢）
　があり，光を反射する

・重い
・さびやすい

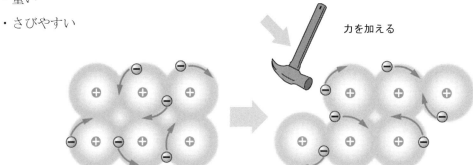

力を加える

●Memo●

	金属	特徴
単体としての利用	6_____	単体で産出する 黄金色の光沢をもち，電気伝導性や熱伝導性が高い 用途：ネックレス，指輪，装飾品，電子回路配線　など
	アルミニウム	アルミナの溶融塩電解により単体を得る 7_____色で密度が小さい 用途：自動車，飲料水用缶，窓枠　など
	鉄	8_____を還元して単体を得る 融点が高く，強度がある 用途：建築材料，調理器具　など
	銅	粗銅の 9_____により単体を得る 赤色の光沢をもち，電気伝導性や熱伝導性が高い 用途：電線，調理器具　など
合金としての利用	・一部の性質が変化して利用しやすくなる ・金属としての性能が向上する	
	10_____ （Cu，Sn）	さびにくい 用途：美術品　など
	黄銅 （Cu，Zn）	金色の光沢 用途：楽器，日用品　など
	11_____ （Cu，Ni）	銀白色の光沢 用途：硬貨
	ステンレス鋼 （Fe，Cr，Ni）	さびにくい 用途：台所用品　など
	ニクロム （Ni，Cr）	高温や薬品に強く，電気抵抗が大きい 用途：12_____
	13_____ （Al，Cu，Mg，Mn）	軽くてじょうぶ 用途：航空機，鉄道車両　など

●Memo●

....

....

....

....

金属の製錬

金属の多くは，地中で酸素と結合した 14＿＿＿＿＿＿＿として存在している

　→単体として利用するために，15＿＿＿＿＿＿＿といわれる方法を行う

　→大量の 16＿＿＿＿＿＿＿＿が必要

　→17＿＿＿＿＿＿＿＿して使用されているものが多い

・18＿＿＿＿＿＿＿（化学反応）

　…原子が組みかわることでもとの物質とは違う別の物質ができる変化

・19＿＿＿＿＿＿＿

　…化学変化に関係する物質とその化学変化を表した式

　　反応の前後での各物質の 20＿＿＿＿＿＿も示している

$$C \quad + \quad O_2 \quad \longrightarrow \quad CO_2$$

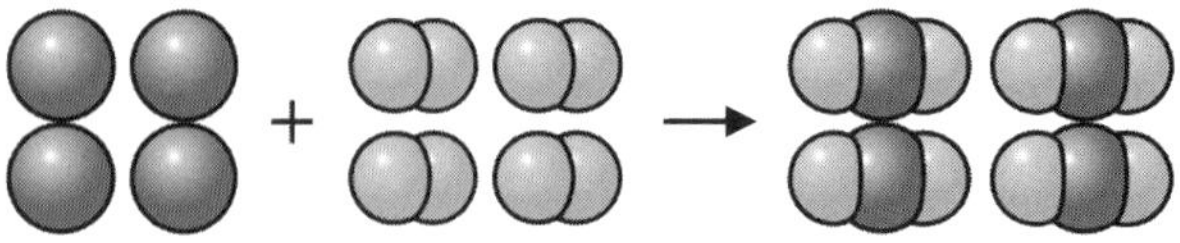

・酸化還元反応

　21＿＿＿＿＿…物質が 22＿＿＿＿＿と結合する反応

　23＿＿＿＿＿…物質から酸素をうばう反応

　酸化と還元は同時に起こることから，まとめて酸化還元反応という

・電気分解

　…電気によって強制的に 24＿＿＿＿＿＿＿＿を起こすこと

●Memo●

○鉄の製錬

鉄…現在，最も生産量が多い金属

　　単体は灰白色

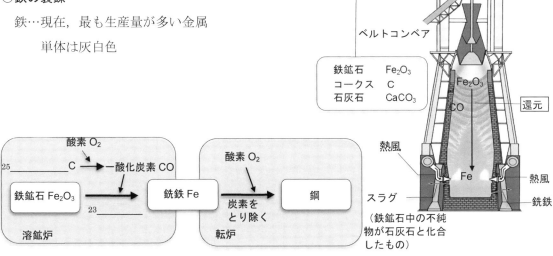

ベルトコンベア

鉄鉱石	Fe_2O_3
コークス	C
石灰石	$CaCO_3$

原料

Fe_2O_3

CO

還元

熱風

Fe

熱風

スラグ

銑鉄

（鉄鉱石中の不純
物が石灰石と化合
したもの）

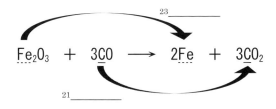

酸素 O_2

25＿＿＿＿＿＿ C ──→ 一酸化炭素 CO

鉄鉱石 Fe_2O_3 ──→ 銑鉄 Fe

23＿＿＿＿

溶鉱炉

酸素 O_2

炭素を
とり除く ──→ 鋼

転炉

23＿＿＿＿＿

$$Fe_2O_3 + 3CO \longrightarrow 2Fe + 3CO_2$$

21＿＿＿＿＿

○銅の電解精錬

銅…鉄・アルミニウムに次いで生産量が多い

　　赤色の光沢

　　比較的やわらかい

陽極 ⊕

陰極 ⊖

粗銅板

純銅板

金や銀など

硫酸銅(II)水溶液

黄銅鉱（主成分 $CuFeS_2$）

　　↓化学的に処理

　粗銅板　　　　　　　　　　　　純銅板

　　↓　　　　　　　　　　　　　　↓

26＿＿＿＿極　　　　　　　　27＿＿＿＿極

　　↓硫酸銅（II）水溶液を 28＿＿＿＿＿＿＿

銅（II）イオンとして溶け出す　　　純銅が析出

銅の 9＿＿＿＿＿＿＿という

→銅の生産には多くの 29＿＿＿＿＿（電気エネルギー）を使用する

○アルミニウムの溶融塩電解

アルミニウム…金属として2位の生産量

銀白色

やわらかい

密度の低い軽金属

・アルミニウムの 30＿＿＿＿＿＿＿＿

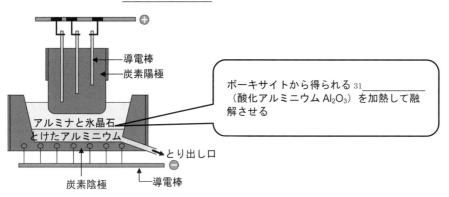

導電棒
炭素陽極

ボーキサイトから得られる 31＿＿＿＿＿（酸化アルミニウム Al_2O_3）を加熱して融解させる

アルミナと氷晶石
とけたアルミニウム

とり出し口

炭素陰極　導電棒

ほかの金属と比較して非常に膨大な 29＿＿＿＿＿＿（電気エネルギー）が必要

→アルミニウムはコストの高い金属：電気の缶詰

酸と塩基

酸	塩基
酸性を示す物質	塩基性を示す物質 水に溶けやすい塩基を 32＿＿＿＿＿＿といい，その性質をアルカリ性という
・酸味を示す ・33＿＿＿色リトマス紙を 34＿＿＿色に，BTB溶液を 35＿＿＿色に変色させる ・水溶液中で水素イオン H^+ を生じる ・イオン化傾向が大きい金属と反応して 36＿＿＿＿＿＿を発生させる	・34＿＿＿色リトマス紙を 33＿＿＿色に，BTB溶液を 37＿＿＿色に，フェノールフタレイン溶液を 38＿＿＿色に変色させる ・水溶液中で水酸化物イオン OH^- を生じる ・酸と反応して酸性を打ち消す

●Memo●

金属の腐食とイオン化傾向

○**金属の腐食** …金属が化学反応によって変質し，劣化する現象

金属がさびる…空気中の酸素や水と反応してイオンになり，化合物をつくる

○**金属のイオン化傾向** …金属の 39＿＿＿＿＿＿＿へのなりやすさ

金属の単体を水溶液中に入れると，金属は 40＿＿＿＿＿を放出し，39＿＿＿＿＿＿に
なろうとする

イオン化傾向の 41＿＿＿＿＿金属ほど，空気・水・酸と激しく反応する

42＿＿＿＿より 43＿＿＿＿＿の方がイオンになりやすい
→亜鉛は銅よりイオン化傾向が大きい

Li K Ca Na Mg Al Zn Fe Ni Sn Pb (H₂) Cu Hg Ag Pt Au

大きい ←————————————————————→ 小さい

イオン化傾向

○**金属の腐食の防止**

…イオン化傾向が大きい金属ほど，反応しやすいため，腐食しやすい

→金属の表面が空気や水に触れないようにするなどの処理を行う

処理	内容
44＿＿＿＿＿	表面を別の金属でおおう
化学処理	化学的に処理して表面をさびない 45＿＿＿＿＿などに変える
塗装	表面に金属以外の物質を塗る

●Memo●

プラスチックの性質と利用

○プラスチック

1＿＿＿＿＿＿＿＿＿＿　…天然に存在する高分子化合物をまねて，その特性を
いかすように人工的に合成された高分子化合物

　天然の高分子化合物…2＿＿＿＿＿＿，セルロース，3＿＿＿＿＿＿＿など

・4＿＿＿＿＿＿＿＿（合成樹脂）…樹脂状のもの

　　5＿＿＿＿＿＿＿＿

　　　熱を加えるとやわらかくなり，冷やすと再びかたくなる

　　6＿＿＿＿＿＿＿

　　　原料に熱を加え，硬化させて製造する

　　　再び加熱しても，ほとんどやわらかくならない

・合成繊維…繊維状のもの

○プラスチックの利用と性質

・7＿＿＿＿＿（金属や陶器に比べると 1/10 以下の密度）
・酸やアルカリなどの薬品におかされにくい
・8＿＿＿＿＿を通しにくい
・金属などより成形しやすい
・変質・腐食しにくい

○プラスチックと金属の違い

	プラスチック	金属
熱	9＿＿＿＿＿	強い
かたさ	やわらかい	10＿＿＿＿＿
電気	通さない （通すものもある）	通す
加工	さまざまな形に加工しやすい	箔状・線状には加工しやすい

	例	特徴	利用
11	ポリエチレン（PE）	低密度では柔軟性が高く，高密度では強度が高い	キッチン用品
	ポリプロピレン（PP）	強度が高く，薬品に強い 密度が小さい	風呂用品
	ポリスチレン（PS）	耐水性があり，酸や塩基に強く，着色しやすい	簡易食器
	ポリエチレンテレフタラート（PET）	強度が高く，無色透明で 13＿＿＿＿＿＿が可能	容器
	ポリ塩化ビニル（PVC）	硬質にも軟質にも加工でき，薬品に強く，燃えにくい	食品ラップ
	ナイロン 66（PA66）	強度が非常に高く，細く引き延ばすことができる	テグス，ブラシ
	メタクリル樹脂（PMMA）	特に 14＿＿＿＿＿＿に優れる	メガネのレンズ
	ポリ酢酸ビニル（PVAc）	接着性に優れる	洗濯のり
12	フェノール樹脂	褐色の樹脂 熱や電気を伝えにくい	フライパン用ふたの取っ手
	尿素樹脂	透明でかたく，着色しやすい 15＿＿＿＿＿を通さない	コンセント
	メラミン樹脂	尿素樹脂よりもかたく，熱，水，薬品に強い	食器
	アルキド樹脂	接着性，弾力性に優れる	塗料

●Memo●

プラスチックの製造

○プラスチックの構造

原料…16＿＿＿＿＿中にある炭化水素とよばれる分子

→炭素と水素でできている

プラスチック…炭化水素などの小さい分子を 17＿＿＿＿＿
してつくられた高分子化合物

18＿＿＿＿＿（モノマー）

…原料となる小さな分子

19＿＿＿＿＿（ポリマー）

…重合によりできた高分子化合物

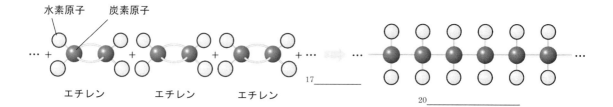

水素原子　炭素原子

エチレン　　エチレン　　エチレン

17＿＿＿＿＿

20＿＿＿＿＿

○プラスチックの合成

21＿＿＿＿＿

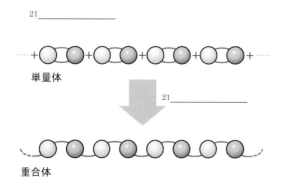

単量体

21＿＿＿＿＿

重合体

二重結合をもつ単量体の二重結合の一方が
切れて，別の分子と次々と結合していく

例：ポリプロピレン

22＿＿＿＿＿

単量体

22＿＿＿＿＿

重合体

とり除かれた小さな分子

分子と分子のあいだから水などの小さな分
子がとれて，次々と結合していく

例：ポリエチレンテレフタラート

プラスチックと環境

○プラスチックの燃焼

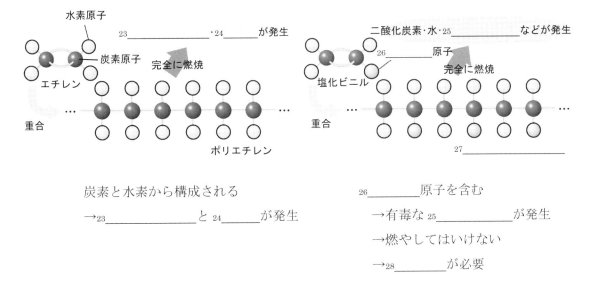

炭素と水素から構成される

→23＿＿＿＿＿＿と 24＿＿＿＿が発生

26＿＿＿＿原子を含む

→有毒な 25＿＿＿＿＿＿が発生

→燃やしてはいけない

→28＿＿＿＿が必要

廃プラスチックとその処理

廃プラスチック…使用後に廃棄されたプラスチック

→プラスチックの種類ごとに分別する必要がある

→識別マークや略号などをつけて，分別しやすくしている

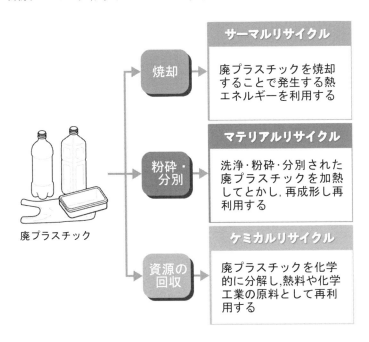

新素材としてのプラスチック

29＿＿＿＿＿＿＿＿＿＿＿＿＿＿＿＿＿
　…特定の機能を付与したプラスチックなどの高分子化合物

○30＿＿＿＿＿＿＿＿＿プラスチック
　…地中の 31＿＿＿＿＿＿＿によって分解されるプラスチック
　　埋め立てても微生物によって分解されるため，環境への影響が小さい
　　　　例：ポリ乳酸

○32＿＿＿＿＿＿＿＿＿プラスチック
　…電気を通す性質をもつプラスチック
　　　　例：ポリアセチレンにヨウ素を多量に入れる
　　　　利用：携帯電話のタッチパネル

○33＿＿＿＿＿＿＿＿＿プラスチック
　…多量の水を吸収するだけでなく，吸水後は加圧しても水が外に出にくいプラスチック
　　　　例：ポリアクリル酸ナトリウム
　　　　利用：紙おむつ，土壌の水分保持剤

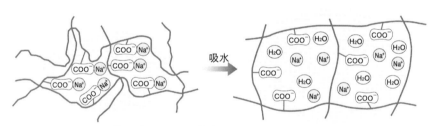

① 吸水によって，Na^+が離れる。
② COO^-どうしが電気的に反発しあい，編目が大きくなる。

●Memo●

セラミックスの分類

1＿＿＿＿＿＿＿＿＿＿…非金属の素材を焼き固めた無機材料のこと

　例：粘土などの土をこねて焼き固めた土器

○**ガラス**　…2＿＿＿＿＿＿＿＿＿（SiO_2）を主成分とする固体

　利用：びん，窓ガラスなど

　・石英ガラス　…耐熱性が大きく，光の透過性が高い

　　→ 3＿＿＿＿＿＿などの光学用器具に利用

　　　　純度の高いものは光通信用の 4＿＿＿＿＿＿＿＿＿としても利用

　・ガラスの製造では，大量のエネルギーが必要

　　→ガラスびんの 5＿＿＿＿＿＿＿＿が進められている

○6＿＿＿＿＿＿　…粘土などを練って焼き固めたもの

　土器・陶器・磁器　…原料の質と焼く温度や時間でわけられる

○**セメント**　…石灰石や粘土をかき混ぜながら加熱して反応させ，少量のセッ
　　　　　　　　コウを混ぜたもの

　・7＿＿＿＿＿＿＿＿＿

　　…セメントに砂や砂利を混ぜ，水で練って固めたもの

○8＿＿＿＿＿＿＿＿＿＿＿＿　…超高純度の酸化アルミニウム（Al_2O_3）や炭
　　　　　　　　　　　化ケイ素（SiC）などの原料を，制御された条件で焼き
　　　　　　　　　　　固め，従来にない新しい機能をもたせたセラミックス

　熱や摩耗に強い，生体にも安全

　利用：ナイフなどの日用品

　　　　　発電機のタービン

　　　　　人工骨，人工関節，人工歯

●Memo●

Check

□**1**　単体の例を二つあげよ。　　　　　　　　　　　　　　1 _____ , _____

□**2**　化合物の例を二つあげよ。　　　　　　　　　　　　　2 _____ , _____

□**3**　原子核を構成する粒子を二つ答えよ。　　　　　　　3 _____ , _____

□**4**　原子の中で負の電荷をもつ粒子を答えよ。　　　　　4 _____

□**5**　原子番号と同数存在する粒子を答えよ。　　　　　　5 _____

□**6**　元素を原子番号の順に並べると, 性質の似たものが周期的に現れる。これ
　　　を何というか。　　　　　　　　　　　　　　　　6 _____

□**7**　金属元素どうしの結合を何というか。　　　　　　　7 _____

□**8**　金属元素と非金属元素の結合を何というか。　　　　8 _____

□**9**　非金属元素どうしの結合を何というか。　　　　　　9 _____

□**10**　H, Cl, O, N, C の原子の原子価を答えよ。　　　　10　H:　　　Cl:

　　　　　　　　　　　　　　　　　　　　　　　　　　　O:　　　N:

　　　　　　　　　　　　　　　　　　　　　　　　　　　C:

□**11**　金属の特徴を五つ答えよ。　　　　　　　　　　　11 _____

　　　　　　　　　　　　　　　　　　　　　　　　　　_____

　　　　　　　　　　　　　　　　　　　　　　　　　　_____

　　　　　　　　　　　　　　　　　　　　　　　　　　_____

　　　　　　　　　　　　　　　　　　　　　　　　　　_____

□**12**　金属原子を結びつける粒子を何とよぶか。　　　　12 _____

□**13**　銅の原料を答えよ。　　　　　　　　　　　　　　13 _____

□**14**　銅の電解精錬において, 純銅が析出するのは陽極, 陰極のどち
　　　らか。　　　　　　　　　　　　　　　　　　　　14 _____

□**15**　融解したアルミナに電極を差し込んで電気分解し, アルミニウ
　　　ムを得る方法を何というか。　　　　　　　　　　15 _____

□**16**　金属の陽イオンへのなりやすさのことを何というか。　16 _____

□**17**　プラスチックの特徴を三つ答えよ。　　　　　　　17 _____

　　　　　　　　　　　　　　　　　　　　　　　　　　_____

　　　　　　　　　　　　　　　　　　　　　　　　　　_____

□**18**　加熱するとやわらかくなる樹脂。　　　　　　　　18 _____

□**19**　加熱するとかたくなる樹脂。　　　　　　　　　　19 _____

□**20**　重合する前の小さな分子のことを何というか。　　20 _____

□**21**　重合したあとの大きな分子のことを何というか。　21 _____

□**22**　二重結合が切れて互いの分子がつながる反応を何というか。　22 _____

□**23**　分子の間で小さな分子がとれてつながる反応を何というか。　23 _____

□**24**　特定の機能を付加したプラスチック。　　　　　　24 _____

□**25**　資源を有効に利用するための 3R とは, リユース, リサイクルと何か。　25 _____

□**26**　陶磁器の例を三つあげよ。　　　　　　　　　　　26 _____ , _____ , _____

確認問題

1 次の各文について下線部＿＿のみが正しい場合には①を，下線部～～の
みが正しい場合には②を，下線部が両方とも正しい場合には③を，下線部が
両方とも誤っている場合には④を記入せよ。

(1) プラスチックは特性を生かすように小さい分子を多数つなげて大きな
分子にしているが，その方法は二重結合が切れて手をつなぐ付加重合とい
う方法1種だけである。

(2) 金属とセラミックスなど何種かを混ぜ合わせたものを，合金という。合
金にすると金属の特性は失われてしまう。

(3) 近年技術の向上により用途や目的に合ったプラスチックが合成できる
ようになった。そうしてできた多くの種類のプラスチックを分別するため
に，プラスチックには識別マークがつけられている。

(4) 限りある資源を有効に利用するために，リデュース，リクエスト，リサ
イクルの3Rにとり組むことが大切である。

2 次の各文の（　）に適する語句を下の〔語群〕から番号で選び，またそ
の性質を表す文章をア～カの記号で選べ。

(1) （　）は粘土などを練って焼き固めたものである。

(2) （　）の主成分は二酸化ケイ素である。純度の高いものは光ファイバ
ーとしても使われる。

(3) （　）は鉄鉱石を原料とし，高温で還元した後さらに炭素を少なくし
たものである。

(4) （　）はボーキサイトを精製したアルミナを溶融した状態で電気分解
したものである。

(5) （　）は鉄，クロム，ニッケルからなる合金である。

〔語群〕① ポリ塩化ビニル ② アルミニウム ③ 鋼
④ 陶磁器 ⑤ ステンレス鋼 ⑥ ガラス

ア 建築・土木用材料から包丁までさまざまな用途に使われている。

イ さびにくいため，台所用品などに使われている。

ウ 焼き固める時間や温度により，かたさや表面のようすに差ができる。

エ 燃焼によって二酸化炭素，水のほかに塩化水素が生成する。

オ 電気を非常に使うのでコストが高い。飲料水の缶や窓枠サッシをつくる。

カ 耐熱性が大きく，光の透過性が高い。

1

(1)

(2)

(3)

(4)

2

(1)

性質

(2)

性質

(3)

性質

(4)

性質

(5)

性質

●Memo●

●Memo●

2－2　 衣食にかかわるさまざまな物質 p.48〜49　　月　　日

食品や衣料に見る物質

○天然由来の物質と人工の物質

　天然由来の物質　…植物や動物

　　米，牛肉，羊毛，木綿　など

　人工の物質　…人工的に合成された物質

　　ポリエステル　など

○**有機化合物**　…1＿＿＿＿＿＿を含む物質のこと

　火や熱で加熱すると，こげて黒くなる

　→構成する元素に炭素が含まれている

○**高分子化合物**　…小さな分子が 2＿＿＿＿＿＿してできた大きな分子

　3＿＿＿＿＿＿＿（モノマー）　…重合する小さな分子

　4＿＿＿＿＿＿＿（ポリマー）　…重合してできた高分子化合物

3＿＿＿＿＿＿
（モノマー）

2＿＿＿＿＿＿

4＿＿＿＿＿＿＿（ポリマー）

●Memo●

2－2   食品にかかわる物質 p.50〜59   月   日

人間のからだと食事

○食事と栄養

食事によって体内にとり入れられた食品

　↓1_____を使った化学反応によって消化

小さな分子

　↓吸収

体内で使われる

　・2_____を補給する

　・からだの 3_____

　・からだの 4_____する

> *Note*
>
> **消化酵素**…食物を分解するときに必要な物質
>
> 5_____
> 　　：デンプンの消化酵素
>
> 6_____
> 　　：タンパク質の消化酵素

食品に含まれる栄養素

○三大栄養素

　栄養素…食品に含まれる成分のうち，生命を保ち，成長に必要な成分

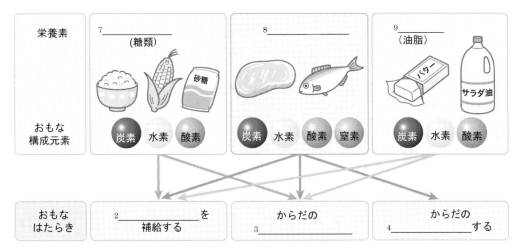

○ビタミン・ミネラル　…栄養素の一つ

　　　　　　　　　つねに体外から摂取する必要がある

10_____…からだのはたらきを円滑に保つ

　　　　ビタミン A，B_1，C，D など

11_____…体内の環境維持に役立つ

　　　　ナトリウム，カリウム，カルシウム，リンなど

炭水化物（糖類）

○さまざまな炭水化物

12＿＿＿＿＿＿（$C_6H_{12}O_6$）　…それ以上小さな分子の糖に分解できないもの

 グルコース　　 フルクトース　　 ガラクトース

13＿＿＿＿＿＿（$C_{12}H_{22}O_{11}$）　…12＿＿＿＿＿＿が二つつながったもの

 スクロース　　　　 ラクトース

14＿＿＿＿＿＿（$(C_6H_{10}O_5)_n$）　…12＿＿＿＿＿＿が重合したもの

○デンプン

…多数の 15＿＿＿＿＿＿＿＿が重合してできた物質

植物の 16＿＿＿＿＿により合成される

生物の体内では，グルコースまで分解され，生命活動のエネルギー源などに用いられる

アミロース

… 15＿＿＿＿＿＿＿＿が 17＿＿＿＿＿に
つながっている
ヨウ素デンプン反応で青色

アミロペクチン

… 18＿＿＿＿＿＿＿が多い
ヨウ素デンプン反応で赤紫色

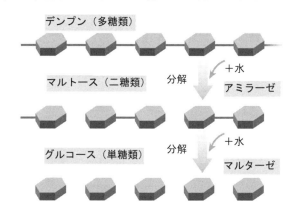

○グリコーゲン

…α-グルコースの重合体

動物の体内に貯蔵されている

ヒトでは 19＿＿＿＿＿に多く存在

分解されてグルコースとなり，生命活動の
エネルギー源となる

アミロース　　アミロペクチン　　セルロース

○セルロース

… 20＿＿＿＿＿＿＿＿の重合体

植物繊維の主成分

21＿＿＿＿＿の高分子で，植物繊維は細長い

ヒトはセルロースの消化酵素をもたない

→人間が消化できない多糖類は，食物繊維とよばれる

セルロース

タンパク質

○アミノ酸

…分子中に 22＿＿＿＿＿＿（−NH₂）と 23＿＿＿＿＿＿＿＿（−COOH）を
もつ

α-アミノ酸…二つの原子団が同じ炭素に結合しているアミノ酸

24＿＿＿＿＿＿＿＿…体内で合成できなかったり，合成できても微量だった
りするため，食品からとり入れる必要のあるもの

○タンパク質

…何種類もの α-アミノ酸が数多く結合したもの

天然のタンパク質は，約 25＿＿＿＿種の α-アミノ酸で構成

からだの組織などをつくる，タンパク質を分解してエネルギー
を得る

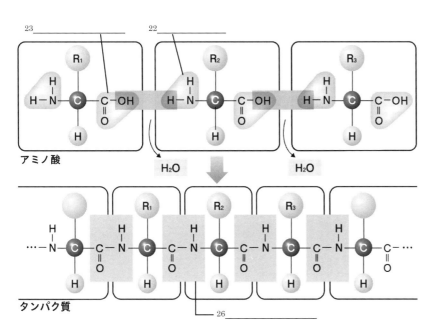

○タンパク質の性質と検出

- 27＿＿＿＿＿＿…加熱されたり，酸，鉄イオン，銅イオンなどの金属イオン，アルコールなどの化学物質に触れたりして，28＿＿＿＿＿＿な構造が変化すること

  例：生卵を加熱すると白身が白くなる

  　　豆乳を加熱すると膜がはる

  　　豆乳に食酢を加えると凝固する

- 29＿＿＿＿＿＿＿＿＿＿

  …タンパク質の水溶液に水酸化ナトリウム水溶液と少量の硫酸銅（Ⅱ）水溶液を加えると赤紫色を呈する

- 30＿＿＿＿＿＿＿＿＿＿＿＿＿＿

  …濃硝酸を加えて加熱すると黄色になり，冷却してアルカリ性にすると橙黄色になる

🔵 脂質

○さまざまな脂質

油脂…生命活動に必要なエネルギー源となる

31＿＿＿＿＿＿　…常温で 32＿＿＿＿＿の油脂

　　　　　　　動物性のものが多い（牛脂，バターなど）

33＿＿＿＿＿＿＿…常温で 34＿＿＿＿＿の油脂

　　　　　　　植物性のものが多い（ごま油，菜種油など）

○油脂の構造

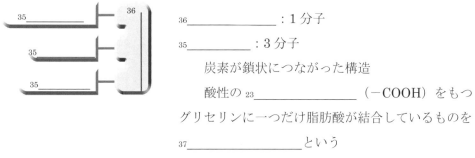

36＿＿＿＿＿＿＿＿＿＿＿：1分子

35＿＿＿＿＿＿＿＿：3分子

　　炭素が鎖状につながった構造

　　酸性の 23＿＿＿＿＿＿＿＿（－COOH）をもつ

グリセリンに一つだけ脂肪酸が結合しているものを

37＿＿＿＿＿＿＿＿＿＿＿という

●Memo●

....

....

....

....

・油脂の性質

　…脂肪酸に含まれる炭素の数や分子の構造の違いによって異なる

　　脂肪酸の中に炭素どうしの二重結合（C = C）が 38＿＿＿＿＿＿　…　39＿＿＿＿＿＿脂肪酸

　　脂肪酸の中に炭素どうしの二重結合（C = C）が 40＿＿＿＿＿＿　…　41＿＿＿＿＿＿＿脂肪酸

　　多い　…　42＿＿＿＿＿＿

　　ほとんどない　…　43＿＿＿＿＿＿

油脂中の二重結合は空気中で酸化されやすく，固体になりやすい

○油脂のけん化

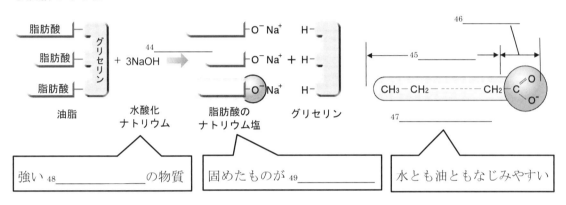

| 脂肪酸 | | 油脂 | ＋ 3NaOH 44＿＿＿＿＿ | 脂肪酸のナトリウム塩 | グリセリン |

強い 48＿＿＿＿＿＿＿＿の物質　　固めたものが 49＿＿＿＿＿＿＿　　水とも油ともなじみやすい

●Memo●

食物の分解

○食物の分解と酵素

生物の体内では，デンプンやタンパク質，油脂がすみやかに，おだやかに分解される

→化学反応を促進する物質として，50_____がはたらいている

酵素…おもに 51_____でできている

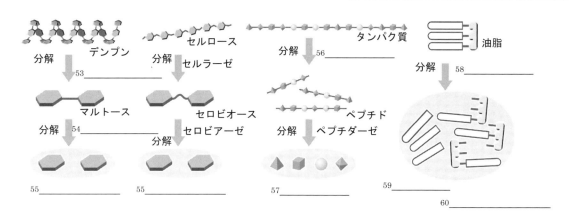

デンプン
セルロース
タンパク質
油脂

分解　53_____
分解　セルラーゼ
分解　56_____
分解　58_____

マルトース
セロビオース
ペプチド

分解　54_____
分解　ペプチダーゼ
セロビアーゼ
分解

55_____
55_____
57_____
59_____

60_____

○酵素のはたらきと失活

最もよく効果が発揮される pH や温度などの条件が種類ごとに決まっている

→61_____温度，　61_____pH

62_____…温度などの条件の変化によって変性し，そのはたらきを失うこと

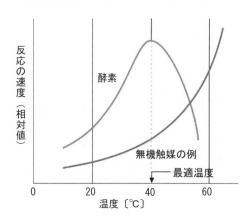

反応の速度（相対値）

酵素

無機触媒の例

最適温度

0　20　40　60

温度〔℃〕

・さまざまな酵素
　グルコースや脂肪を分解してエネルギーを得る過程ではたらく酵素
　植物が光合成をする過程ではたらく酵素

・63_____…酵素反応を利用した装置

●Memo●

34

２−２ 衣料にかかわる物質 p.60〜65　　　　月　　日

衣料に用いられる繊維

天然繊維…天然由来の繊維

化学繊維…人工的に合成した繊維

天然繊維	植物繊維 （植物由来の繊維）	木綿	吸湿性に優れ，水にも強い
		1＿＿＿＿	木綿よりもじょうぶで，吸湿性，放湿性に優れる
	動物繊維 （動物由来の繊維）	羊毛	やわらかく，保温性に富む
		2＿＿＿＿	肌触りがよく，光沢がある
化学繊維	3＿＿＿＿＿＿＿ （天然繊維を原料に，いったん化学的な処理をして，再び繊維状にする）	レーヨン	化学繊維のなかでもっとも吸湿性がよい
	4＿＿＿＿＿＿＿ （天然繊維の一部に新しい部分をつけ加える）	アセテート	肌触りがよく，吸湿性がよい
	合成繊維 （石油を原料にしてつくられる）	5＿＿＿＿＿＿	絹のようにしなやかで，光沢がある
		アクリル	保温性がある
		6＿＿＿＿＿＿ ＿＿＿＿	吸湿性がほとんどない じょうぶで引っ張り力に強い
		ビニロン	適度な吸湿性がある

●Memo●

35

◗ 天然繊維

植物繊維…植物由来の繊維

動物繊維…動物由来の繊維

○植物繊維

主成分は 7＿＿＿＿＿＿＿＿＿＿

…水になじみやすい 8＿＿＿＿＿＿＿＿＿＿（－OH）が多くある

→吸湿性に富み，染色の染まりもよい

・9＿＿＿＿＿（綿）　…ワタという植物の果実から得られる繊維

特徴：摩擦や熱にも比較的強い

しわになりやすい

酸に弱い

アルカリに強い　→洗濯ではいたみにくい

吸湿性がある

利用：Tシャツ，ワイシャツ，カーテン

・1＿＿＿＿＿…アマなどの植物の茎を乾燥して繊維にしたもの

特徴：木綿よりもじょうぶ

10＿＿＿＿＿＿＿に優れている

利用：夏用の衣料

○動物繊維

主成分は動物がつくり出す 11＿＿＿＿＿＿＿＿＿

…ヒドロキシ基（－OH）などがある

→吸水性に優れている

酸に強いが 12＿＿＿＿＿＿＿＿には弱い

・13＿＿＿＿＿　…羊の体毛から得られる長さ数 cm の短い繊維

主成分はケラチンというタンパク質

特徴：羊毛の表面にあるうろこ状のひだ（キューティクル）が繊維を保護し，水分などをはじく

キューティクルとキューティクルのあいだには空気があり，保温性や伸縮性に優れている

摩擦や湿気には弱い

利用：セーターなどの冬用の衣料

- ₂_____

　…生糸からつくられている

　　₁₄_____のまゆからとり出される生糸は非常に細長く，長さが 1000

　　～1500 m もある

　　生糸は，セリシンとフィブロインという 2 種のタンパク質からできている

　特徴：しなやかで ₁₅_____があり，美しく染色される

　　　　日光や湿気に弱く，黄ばみやすい

　　　　肌触りがよい

　利用：絹織物や肌着

化学繊維　…人工的に合成した繊維

○合成繊維

　…石油からとり出した ₁₆_____（モノマー）が ₁₇_____してできた

　　₁₈_____（ポリマー）を糸状に引き延ばしてつくる

　　→繊維の向きがそろっている

₁₉_____	₂₀_____

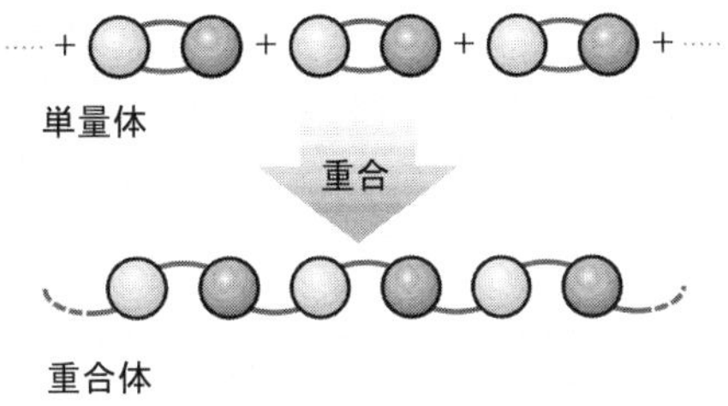

単量体 ＋○●＋○●＋○●＋

重合

重合体

単量体 ＋●○＋●○＋●○＋●○＋

重合

重合体

とり除かれた小さな分子

二重結合を開きながら次々と結合する

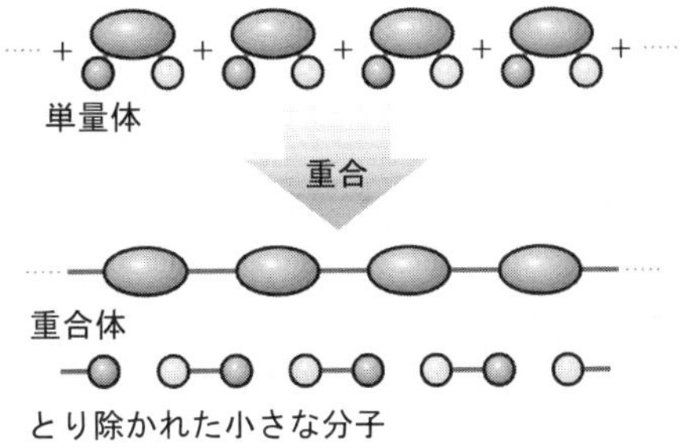

分子のあいだから小さい分子がとれて次々と結合する

●Memo●

○合成繊維の特徴

　…しわになりやすい，洗濯に弱いなどの天然繊維の弱点を克服するように合成されている

・表面が滑らかで一様な太さの糸がつくれる

　→できた布の肌触りが滑らか

・摩擦や引っ張り力にもある程度強い

・しわになりにくい

・薬品や熱に弱い

・吸湿性がほとんどない

《5＿＿＿＿＿＿＿＿》

　…絹のしなやかさを石炭と水からつくりあげた繊維といわれる

　原料：アジピン酸とヘキサメチレンジアミン

　　→単量体を 21＿＿＿＿＿＿＿＿によって重合させる

　特徴：吸水性にとぼしい

　　　　丈夫で軽い

　利用：ストッキング，雨具

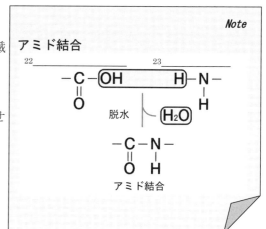

アミド結合

22＿＿＿＿＿＿　　　　23＿＿＿＿＿＿

$-\!C\!-\!\boxed{OH}$　　$\boxed{H}\!-\!N\!-$

$\quad O \qquad\qquad H$

脱水　　$\boxed{H_2O}$

$-\!C\!-\!N\!-$

$\quad O \quad H$

アミド結合

《6＿＿＿＿＿＿＿＿＿＿》

　原料：テレフタル酸とエチレングリコール

　　→縮合重合させると 24＿＿＿＿＿＿＿＿＿

　　　＿＿＿＿＿＿（PET）が得られる

　　→細く引き延ばして繊維にする

　　　合成樹脂としてペットボトルなどに用いる

　利用：ワイシャツ

《アクリル繊維》

　原料：アクリロニトリル

　　→付加重合させる

　特徴：軽い，やわらかい

　利用：セーターなど

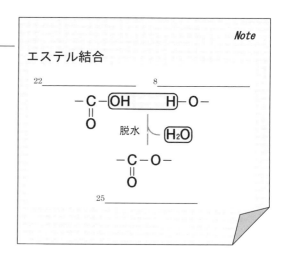

エステル結合

22＿＿＿＿＿＿＿　　　8＿＿＿＿＿＿＿

$-\!C\!-\!\boxed{OH}$　　$\boxed{H}\!-\!O\!-$

$\quad O$

脱水　　$\boxed{H_2O}$

$-\!C\!-\!O\!-$

$\quad O$

25＿＿＿＿＿＿＿

半合成繊維と再生繊維

○半合成繊維

　…セルロースなどの天然繊維を化学的に処理して部分的に変化させてから，
　　糸にしたもの

《アセテート》

　…9＿＿＿＿＿の一部分の構造を変化させ，しわになりにくく，表面が滑らかな
　　繊維にする

　利用：女性用のスカーフ，下着

○再生繊維

　…7＿＿＿＿＿＿＿＿を主成分とするパルプを化学薬品に溶かして溶液にした
　　後，再び繊維につくりあげたもの

　　木綿の肌触りの悪さや長さの違いなどを改良するためにつくられた

・ビスコースレーヨンと銅アンモニアレーヨン

　…溶かす薬品が異なる

　　できた製品の肌触りの違いから用途がわけられる

《26＿＿＿＿＿＿＿＿＿＿＿》…吸水性が高い

　利用：タオル，ワイシャツ，カーテン

《27＿＿＿＿＿＿＿＿＿＿＿＿＿》…薄地で肌触りがよい

　利用：ブラウス，裏地

衣類の油汚れと界面活性剤

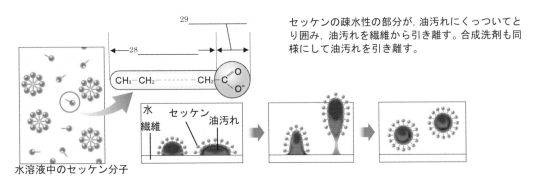

セッケンの疎水性の部分が，油汚れにくっついてとり囲み，油汚れを繊維から引き離す。合成洗剤も同様にして油汚れを引き離す。

水溶液中のセッケン分子

30＿＿＿＿＿：疎水性の部分で油汚れをとり囲む

　　→親水性の部分を外側にして汚れを水中に分散させる

31＿＿＿＿＿＿＿：30＿＿＿＿＿を起こさせる作用

Check

□**1**　分子が多数結合して巨大になった化合物を何というか。　　　　　**1** _____

□**2**　重合する前の小さな分子のことを何というか。　　　　　　　　**2** _____

□**3**　重合したあとの大きな分子のことを何というか。　　　　　　　**3** _____

□**4**　からだの組織をつくる栄養素を3種類答えよ。　　　　　　　　**4** _____

_____

_____

□**5**　からだのはたらきを円滑に保つ栄養素を答えよ。　　　　　　　**5** _____

□**6**　単糖類を3種類答えよ。　　　　　　　　　　　　　　　　　　**6** _____

_____

_____

□**7**　グルコースとガラクトースで構成される二糖類は何か。　　　　**7** _____

□**8**　ヨウ素デンプン反応を示す直鎖状の多糖類は何か。　　　　　　**8** _____

□**9**　アミノ酸のもつ基の名称を二つ答えよ。　　　　　　　　　　　**9** _____

_____

□**10**　体内で合成できないアミノ酸の総称を答えよ。　　　　　　　　**10** _____

□**11**　タンパク質を構成するアミノ酸どうしの結合を何というか。　　**11** _____

□**12**　加熱などでタンパク質の構造が変化する現象を何というか。　　**12** _____

□**13**　常温で液体の油脂，固体の油脂の総称をそれぞれ答えよ。　　　**13** _____

□**14**　油脂が体内で分解するとできる物質を答えよ。　　　　　　　　**14** _____

_____

□**15**　油脂に水酸化ナトリウムを加えてできる物質はグリセリンと何か。　**15** _____

□**16**　体内の化学反応を加速させる物質を答えよ。　　　　　　　　　**16** _____

□**17**　酵素が効率よくはたらくために調整が必要な条件を二つ答えよ。　**17** _____

_____

□**18**　天然の植物や動物から得られる繊維を何というか。　　　　　　**18** _____

□**19**　石油を原料にしてつくられる繊維を何というか。　　　　　　　**19** _____

□**20**　セルロースでできた天然繊維を二つ答えよ。　　　　　　　　　**20** _____

_____

□**21**　分子のあいだから小さな分子がとれて結合することを何というか。　**21** _____

□**22**　二重結合が開いて次々と結合することを何というか。　　　　　**22** _____

□**23**　半合成繊維の具体例を答えよ。　　　　　　　　　　　　　　　**23** _____

□**24**　再生繊維の具体例を答えよ。　　　　　　　　　　　　　　　　**24** _____

_____

確認問題

1 次の文について下線部＿＿のみが正しい場合には①を，下線部～～のみ
が正しい場合には②を，下線部が両方とも正しい場合には③を，下線部が両
方とも誤っている場合には④を記入せよ。

(1) タンパク質は，α–アミノ酸からできており，ペプチド結合という独特の
結合をつくっている。

(2) 常温で液体の脂肪油には油脂を構成する脂肪酸中に $C=C$ の二重結合を
多くもった脂肪酸がたくさん含まれており，そのため液体の油は固化しな
い。

(3) デンプンに含まれるアミロースもアミロペクチンもともにヨウ素デンプ
ン反応では青色を示す。また，適当な酵素によりデンプンはα–グルコース，
セルロースはβ–グルコースにまで分解される。

2 次の各文の（　　）に適する語句を下の〔語群〕から番号で選び，またそ
の性質を表す文をア～カの記号で選べ。

(1) （　　）の主成分はセルロースで，ヒドロキシ基を多数もつ。

(2) （　　）の主成分はタンパク質で，分解するとα–アミノ酸が生じる。

(3) （　　）はセルロースをいったんとかし，溶液にした後，再び繊維にし
たものである。

(4) （　　）はタンパク質と同じアミド結合によって重合している。

(5) （　　）はアクリロニトリルが付加重合した高分子化合物から得られた
繊維である。

(6) （　　）はエチレングリコールとテレフタル酸を縮合重合させたもので
ある。

> 〔語群〕　①　絹　　②　ポリエチレンテレフタラート　　③　木綿
> 　　　　　④　ナイロン　　⑤　レーヨン　　⑥　アクリル繊維

ア　軽くてやわらかく羊毛のかわりにセーターなどをつくる。

イ　吸湿性に富み，染色の染まりもよい。

ウ　吸水性が高く，表面は滑らかで肌触りがよい。

エ　細く引き延ばして繊維状にするだけでなく，ペットボトルなどにも使用
される。

オ　セリシンとフィブロインというただ2種のタンパク質からなる。しなや
かで光沢がある。

カ　石炭を原料につくられる。吸水性にとぼしく，じょうぶで軽い繊維。

1

(1) _____

(2) _____

(3) _____

_____

_____

_____

_____

_____

_____

2

(1) _____

性質 _____

(2) _____

性質 _____

(3) _____

性質 _____

(4) _____

性質 _____

(5) _____

性質 _____

(6) _____

性質 _____

_____

_____

_____

_____

_____

_____

_____

_____

●Memo●

光が私たちの健康に与える影響

○体内時計

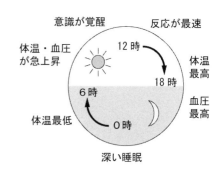

意識が覚醒　　反応が最速
体温・血圧が急上昇
12時
体温最高
18時
6時
血圧最高
体温最低
0時
深い睡眠

・1＿＿＿＿＿＿＿　…周期的に変動する生命現象のリズム

　　例：起床と睡眠，空腹，ホルモンの分泌など

　　　　　→2＿＿＿＿＿の周期で変動する

・3＿＿＿＿＿＿＿　…概日リズムを調整する

眼を通して脳に伝えられる刺激

　…体内時計の周期を昼と夜という 4＿＿＿＿＿＿のリズムと合わせるうえで，大きな役割をはたしている

・季節によって昼夜の長さが大きく変化する

・日照が十分でない天気が続く

　→気分や体調に影響を及ぼす

5＿＿＿＿＿＿＿（時差ぼけ）

　…体内時計が現地時間での生活リズムと合わないために起こる一時的な体調不良

　→海外旅行などで時差が大きい場所に移動したとき，体がだるい，考えがまとまらないなどの不調を感じる

●Memo●

ヒトの眼の構造

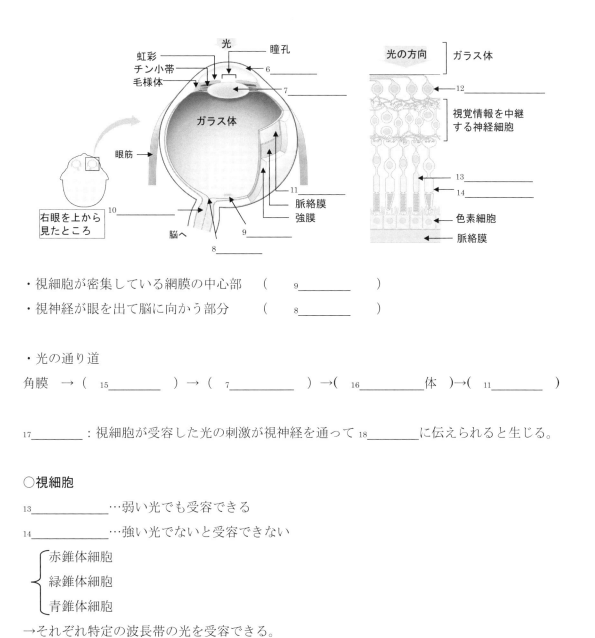

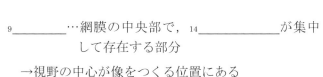

- 視細胞が密集している網膜の中心部　　（　9＿＿＿＿＿＿＿　）
- 視神経が眼を出て脳に向かう部分　　　（　8＿＿＿＿＿＿＿　）

- 光の通り道

角膜　→（　15＿＿＿＿＿＿＿　）→（　7＿＿＿＿＿＿＿　）→（　16＿＿＿＿＿＿体　）→（　11＿＿＿＿＿＿＿　）

17＿＿＿＿＿＿　：視細胞が受容した光の刺激が視神経を通って 18＿＿＿＿＿＿＿ に伝えられると生じる。

○視細胞

13＿＿＿＿＿＿＿＿＿＿…弱い光でも受容できる

14＿＿＿＿＿＿＿＿＿＿…強い光でないと受容できない

　赤錐体細胞
　緑錐体細胞
　青錐体細胞

→それぞれ特定の波長帯の光を受容できる。

9＿＿＿＿＿＿…網膜の中央部で，14＿＿＿＿＿＿＿＿＿が集中
　　　　　　して存在する部分
　　→視野の中心が像をつくる位置にある

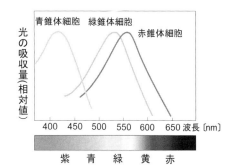

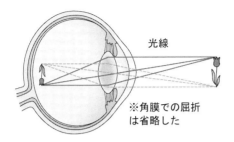
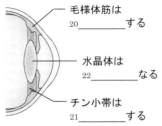
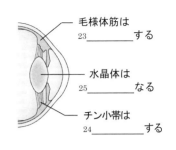

（a）網膜で像を結ぶしくみ　眼の前にある対象物の各部分からの光は，角膜と水晶体で屈折し，網膜上に対象物の上下左右が 19_____ した像をつくる

（b）遠くのものを見るとき

（c）近くのものを見るとき

（b）に対応するラベル：
毛様体筋は 20_____ する
水晶体は 22_____ なる
チン小帯は 21_____ する

（c）に対応するラベル：
毛様体筋は 23_____ する
水晶体は 25_____ なる
チン小帯は 24_____ する

瞬時に水晶体の屈折率を変える

→手元から遠くまで，鮮明に対象物を見ることができる

26_____…年齢とともに 7_____ が弾力を失い，遠近調節に時間がかかるようになる

　　　　　　7_____ が厚くふくらむことができなくなり，近くのものが見えづらくなる

○明暗調節

…視細胞そのものの感度が光の強さに応じてある程度変化する

・27_____…暗いところから明るいところへ移動したときに，明るさに眼がなれる

・28_____…明るいところから暗いところへ移動したときに，暗さに眼がなれる

・瞳孔の大きさの変化

‥29_____ が瞳孔の大きさを変えることで，光の入る量を調整する

　　明るい場所では瞳孔は小さくなる

　　暗い場所では瞳孔は大きくなる

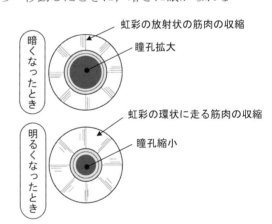

暗くなったとき
虹彩の放射状の筋肉の収縮
瞳孔拡大

明るくなったとき
虹彩の環状に走る筋肉の収縮
瞳孔縮小

○眼から脳へ

光の刺激は，視神経を介して脳に伝えられる

　→脳で視覚が発生する

8_____…視神経が束になって網膜の外へ出ていく部分

　　30_____ がないため，光を受容できない

○視覚の発生

・視覚…脳で感じられる見え方

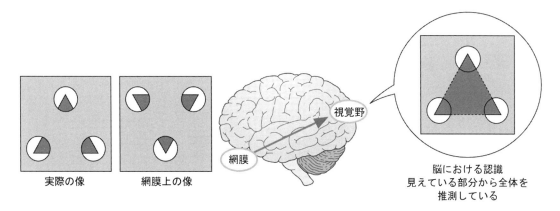

実際の像　　　　網膜上の像

脳における認識
見えている部分から全体を
推測している

○見え方の不思議

網膜に映った像がどのように見えるかは，視細胞の感じ方や神経の伝え方，
脳での情報処理の仕方などさまざまな要因がかかわってくる複雑な現象

・31_____…脳のはたらきによって，実際と違う見え方になってしまう現象

○生活にいかす

・同じ色でも，配色によって見る人に違う印象を与える

　→デザインの分野で応用している

・個人によって色の見え方が違う

　→ 32_____…誰にでも区別のつけやすい色の組合せを用いる

●Memo●

3－1　**②** ヒトの生命活動と健康の維持 p.76〜81　　月　日

生命活動と血液

血液…全身を循環しながら，熱や物質，血球などを運び，細胞の生命活動を支えている

○血液の成分と役割

	形状	はたらき	その他
赤血球	1＿＿＿＿＿	2＿＿＿＿＿の運搬	不足すると細胞に十分な酸素がいき渡らず，貧血などの症状が現れる
3＿＿＿＿＿	不定形，球形	体内に侵入した病原体の排除（免疫）	白血球の数が普段よりも多いときは，細菌に感染している可能性がある
4＿＿＿＿＿	不定形	血液凝固（止血）	
血しょう	液体	栄養分，老廃物の運搬	5＿＿＿＿＿＿＿，6＿＿＿＿＿＿＿，抗体などが含まれる

血糖濃度の調整

7＿＿＿＿＿＿＿（血糖値）

　…血液中の 5＿＿＿＿＿＿＿濃度

　　ほぼ一定の値に保たれている

　　食事の直後は一時的に高くなる

　　食後に血糖濃度が高まる

　　　　↓

　　8＿＿＿＿＿＿＿が増加し，

　　9＿＿＿＿＿＿＿が減少する

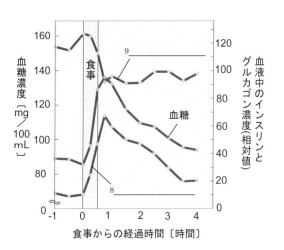

低血糖…血糖濃度が低すぎて細胞がエネルギー不足となり，生命活動が維持できなくなっている状態

- インスリン… 10_____のランゲルハンス島の 11_____細胞から分泌されるホルモン

    はたらき：インスリンを受け取った細胞は，血液中の血糖を細胞内に蓄える

    →血糖濃度が 12_____

- グルカゴン… 10_____のランゲルハンス島の 13_____細胞から分泌されるホルモン

    はたらき：グルカゴンを受け取った細胞は，蓄えている栄養分を分解して血液中に放出する

    →血糖濃度が 14_____

〇15_____

    …食後しばらくたっても血糖濃度が高い値のままで，一定の値まで下がってこない病気

    → 16_____：手足の麻痺や壊死，網膜の障害による失明，腎臓の障害，動脈硬化など

17_____糖尿病　…すい臓の細胞にインスリンをつくる能力が失われている

- 食後のインスリンの血中濃度が 18_____

    →免疫の異常などが原因ですい臓の B 細胞がこわれてしまって引き起こされる

    →インスリン注射などが用いられる

    →子どもや若者が発症する糖尿病に多い

19_____糖尿病　…インスリン濃度が増加しても血糖をとり込む能力が失われている

- インスリンの血中濃度が高まっても，それに応じた 20_____が起こらない

    →遺伝的な要因，生活習慣がインスリンの分泌や作用に関する体質に合っていない

    →自分にあった食事や運動習慣を身につけることが予防策の一つ

    →中高年になってから発症することが多い

(a) 健康なヒト

(b) 糖尿病患者(21_____型)

(c) 糖尿病患者(22_____型)

抗体による生体防御のしくみ

○免疫

23＿＿＿＿＿…体内に侵入し，病気の原因になるもの

→病原体などの異物によって細胞が破壊されたりはたらきを失ったりすると，生命活動は危険な
状態におちいってしまう

24＿＿＿＿＿…体内に侵入した異物などを排除するしくみ

25＿＿＿＿＿…体内に異物が侵入したとき，侵入部位の皮
膚が赤く腫れたり，痛みが感じられたりす
る状態

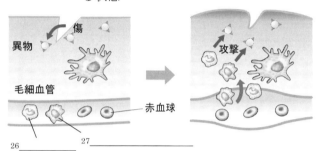

26＿＿＿＿＿　27＿＿＿＿＿＿＿

> **Note**
>
> 28＿＿＿＿＿
>
> …体内に侵入した病原体によって
> さまざまな症状が引き起こされ
> る病気

29＿＿＿＿＿＿

… 27＿＿＿＿＿＿＿＿＿や 26＿＿＿＿＿，樹状細胞などが
体内に入り込んだ異物を細胞内にとり込んで分解・排除
するはたらき

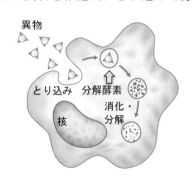

ニキビ…アクネ菌が増殖したことによるもの

膿…細菌の死骸やこわれた白血球などが集まったもの

白血球

樹状細胞

27＿＿＿＿＿

好中球など

30＿＿＿＿＿

B細胞

T細胞

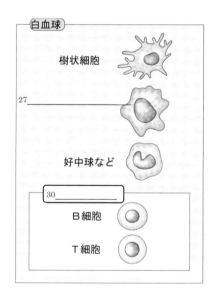

●Memo●

○抗原抗体反応

抗原…免疫の対象となる異物

31＿＿＿＿＿…特定の抗原とだけ結合するタンパク質

32＿＿＿＿＿＿＿＿＿…31＿＿＿＿と抗原が結びつくこと

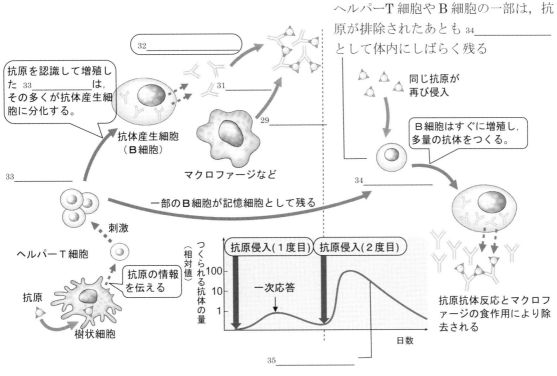

ヘルパーT細胞やB細胞の一部は，抗原が排除されたあとも 34＿＿＿＿＿として体内にしばらく残る

32＿＿＿＿＿＿＿＿

抗原を認識して増殖した 33＿＿＿＿は，その多くが抗体産生細胞に分化する。

31＿＿＿＿

29＿＿＿＿

同じ抗原が再び侵入

B細胞はすぐに増殖し，多量の抗体をつくる。

抗体産生細胞（B細胞）

マクロファージなど

33＿＿＿＿

34＿＿＿＿

一部のB細胞が記憶細胞として残る

刺激

ヘルパーT細胞

抗原の情報を伝える

抗原

樹状細胞

つくられる抗体の量（相対値）

抗原侵入（1度目）　抗原侵入（2度目）

一次応答

100
10
1

日数

抗原抗体反応とマクロファージの食作用により除去される

35＿＿＿＿

排除されたものと同じ抗原が再び侵入したときに，記憶細胞がすみやかに反応して抗原を排除する

○ワクチン

36＿＿＿＿＿…無毒化した，もしくは毒性を弱めた病原体や毒素などを接種して，あらかじめ体内に 34＿＿＿＿＿をつくらせて病気を予防する方法

→ 35＿＿＿＿を利用している

37＿＿＿＿…予防接種に用いられる抗原

○38＿＿＿＿…病原体以外のものに含まれる物質を抗原として認識し，過敏で生体に不都合な免疫反応が起こること

39＿＿＿＿…アレルギーの原因となる抗原

40＿＿＿＿＿＿…たいへん激しいアレルギーの症状で，急激な血圧低下や意識低下を起こすなど，命にかかわる危険な状態になること

検印欄

DNA

○タンパク質と DNA

タンパク質…からだを構成する，からだの中でさまざまなはたらきを行う

　　　　　　　さまざまな種類がある　→どれも細胞内でつくり出されたもの

1＿＿＿＿＿…遺伝子の本体，2＿＿＿＿の中にある 3＿＿＿＿＿＿に含まれている

・タンパク質は，1＿＿＿＿＿の情報をもとにしてつくられている

○DNA の構造

DNA：たくさんの 4＿＿＿＿＿＿＿＿＿が結合し
　　　てできた鎖状の分子

4＿＿＿＿＿＿＿＿

　糖（5＿＿＿＿＿＿＿＿＿），6＿＿＿＿＿，
　7＿＿＿＿＿（4種類）が結合してできた分子

ヌクレオチド鎖

　隣り合った 4＿＿＿＿＿＿＿＿どうしがリン
　酸とデオキシリボースのあいだで結合し，長
　い分子となっている

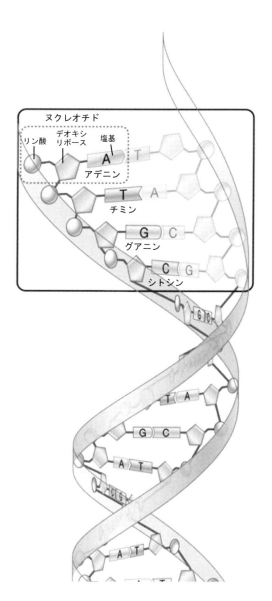

塩基の 8＿＿＿＿＿
…向かい合った塩基の組合せが決まっている
　　　アデニン（A）と 9＿＿＿＿＿＿
　　　10＿＿＿＿＿＿＿＿＿とシトシン（C）

11＿＿＿＿＿＿＿＿＿
　2 本のヌクレオチド鎖が互いに巻きつくよう
　な形になっている

遺伝子の発現

○12＿＿＿＿＿＿

　…細胞の核の中で，DNA をもとにして合成される核酸の一種で，ヌクレオチドがつながってできた鎖状の分子

○13＿＿＿＿＿＿＿

　…DNA から RNA がつくられる過程

14＿＿＿＿＿＿＿＿＿…転写によってできた RNA

○15＿＿＿＿＿＿

　…mRNA からタンパク質がつくられる過程

	DNA	RNA
ヌクレオチド	P 糖 塩基	P 糖 塩基
糖	H デオキシリボース	OH 16＿＿＿＿＿
塩基	A▷T G▷C	A▷U G▷C
鎖	2本鎖	17＿＿＿＿＿

転写

①18＿＿＿＿＿＿＿＿＿がほどかれる

②塩基の 19＿＿＿＿＿＿に基づいて 14＿＿＿＿ の 20＿＿＿＿＿＿＿＿が並ぶ

　（A と U, T と A, G と C, C と G）

③隣り合った 20＿＿＿＿＿＿＿＿どうしが結合する

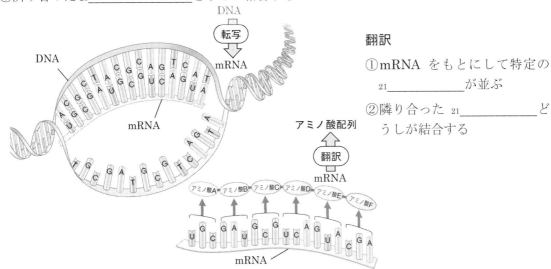

翻訳

①mRNA をもとにして特定の 21＿＿＿＿＿＿＿が並ぶ

②隣り合った 21＿＿＿＿＿＿どうしが結合する

○遺伝子の 22＿＿＿＿＿…遺伝子をもとに RNA やタンパク質がつくられること

・遺伝子である DNA の塩基配列の多様性

　…生物に見られるさまざまな形質の違いをもたらす重要な要素

Check

□**1** 概日リズムを調節する生体内の時計機構を何というか。

□**2** 眼球の中で，光が像を結ぶところを何というか。

□**3** 網膜には，光が当たっても受容されない部分があるが，この部分を何というか。

□**4** 視細胞のうち，光に対する感受性は高いが色の識別に関わらないものを何というか。

□**5** 視細胞のうち，色の識別にかかわるものは何か。

□**6** 暗いところから明るいところへ出ると，はじめはまぶしいが，やがて慣れてくる。この現象を何というか。

□**7** 遠くの対象に焦点を合わせるときに弛緩するのは，毛様体筋かチン小帯か。

□**8** 図形の大きさや形・色など，視覚で生じる錯覚のことを何というか。

□**9** 血液の液体成分を何というか。

□**10** 血液の有形成分（血球）を3種類答えよ。

□**11** 白血球のおもなはたらきを答えよ。

□**12** 高血糖時に血糖濃度を下げるはたらきのあるホルモンは何か。

□**13** 血糖濃度が常に高い状態にある病気を何というか。

□**14** 体内に侵入した異物などを細胞内にとり込み，消化・分解する作用を何というか。

□**15** 14を行う白血球を二つ答えよ

□**16** 抗原と特異的に結合するタンパク質を何というか。

□**17** 抗体が抗原に特異的に結合する反応を何というか。

□**18** 一度侵入した抗原が再侵入した場合に起こる，短時間で強い免疫反応を何というか。

□**19** 予防接種で接種する弱毒化した毒素や病原体は何とよばれるか。

□**20** 免疫が過敏に反応し，からだに不都合にはたらくことを何というか。

□**21** DNAを構成する基本単位は何というか。

□**22** DNAはどのような立体構造をしているか。

□**23** DNAの塩基配列をもとにmRNAが合成される過程を何というか。

□**24** DNAの塩基ATGCと相補的なmRNAの塩基を答えよ。

□**25** mRNAの塩基配列をもとにアミノ酸が並び，タンパク質が合成される過程を何というか。

□**26** DNAの遺伝情報に基づいてタンパク質が合成されることを何というか。

1

2

3

4

5

6

7

8

9

10

11

12

13

14

15

16

17

18

19

20

21

22

23

24

25

26

確認問題

1 左下の図は，眼の断面を上から見たものである。

⑴ この図が右眼と左眼のどちらを示しているか答えよ。

⑵ 右下の表の空欄部に，図の a～f の記号と名称をあてはめて表を完成せよ。

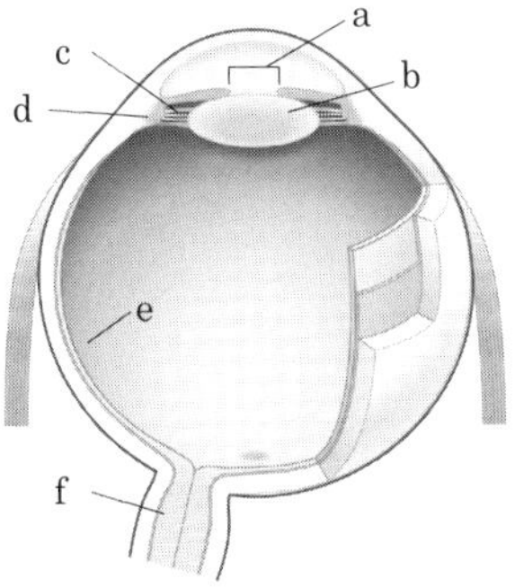

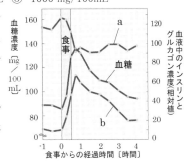

はたらき	関係する部位	
	記号	名称
遠近の調節	ア	イ
	ウ	エ
	オ	カ
明暗の調節	キ	ク
	ケ	コ
脳への情報伝達	サ	シ

2 ⑴ 空腹時，健康なヒトの血糖濃度を以下の選択肢から選べ。

① 10 mg/100mL ② 100 mg/100mL ③ 1000 mg/100mL

⑵ 右の図は，食事前後の血糖濃度とインスリン，グルカゴンの濃度の変化を示している。インスリンの濃度を表すグラフはa, b のどちらか。

⑶ 糖尿病にはいくつかの原因が考えられる。インスリンの血中濃度が正常なのに糖尿病となる場合の原因を簡単に説明せよ。

3 次の各文の下線部について，正しい場合には○を，誤っている場合には正しい語句を答えよ。

⑴ 食後，血糖濃度が増加すると，血液中のグルカゴンの濃度は<u>増加</u>し，インスリンの濃度は<u>減少</u>する。

⑵ ある種の白血球が行う，病原菌や異物を取りこんで消化・分解するはたらきを<u>分解作用</u>という。

⑶ 予防接種に用いられる抗原を<u>ワクチン</u>という。

⑷ アレルギーを起こす抗原を一般に<u>アレルギー物質</u>という。

4 右図は，DNA の遺伝情報をもとにタンパク質が合成される過程を示している。⑴～⑶の問いにそれぞれ答えよ。

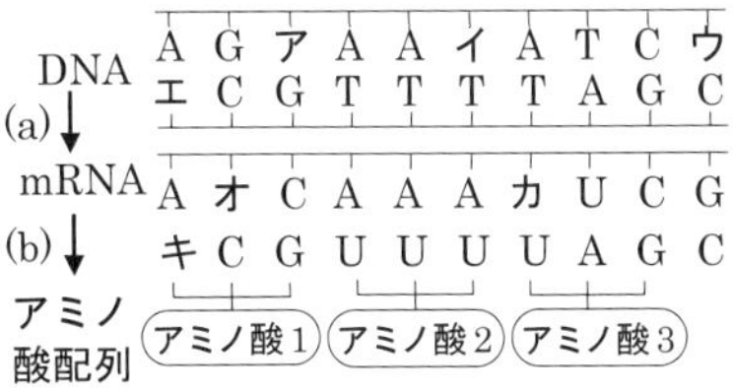

DNA　A G ア A A イ A T C ウ
　　　T C G T T T T A G C
(a)↓
mRNA　A オ C A A A カ U C G
(b)↓
　　　キ C G U U U U A G C
アミノ酸配列　アミノ酸1　アミノ酸2　アミノ酸3

⑴ DNA の説明として誤っているものを，次の中から一つ選べ。

① 遺伝子の本体である　　② 糖にデオキシリボースをもつ

③ 二重らせん構造である　　④ 塩基にU（ウラシル）をもつ

⑵ ア～キに入る塩基の記号をそれぞれ答えよ。

⑶ (a), (b)の過程を何というか，それぞれ答えよ。

1

(1)

(2)

ア	イ
ウ	エ
オ	カ
キ	ク
ケ	コ
サ	シ

2(1)

(2)

(3)

3

(1)　　　　　，

(2)

(3)

(4)

4

(1)

(2)ア　　　イ

ウ　　　エ

オ　　　カ

キ

(3)

(a)

(b)

●Memo●

●Memo●

3－2 いろいろな微生物　p.88~93　　　月　　日

 微生物とは

1＿＿＿＿＿＿＿＿・・・肉眼では観察できない微小な生物

　　細菌

　　カビ

　　2＿＿＿＿＿＿＿

　　（肉眼で見ることができるが，本体はごく小さな細胞が集まったもの）

　　・微生物がいることを調べる方法

　　　3＿＿＿＿＿＿＿＿で観察する

　　　4＿＿＿＿＿＿して数を増やす

●いろいろな微生物のなかま

　　5＿＿＿＿＿＿＿＿＿＿＿＿＿＿・・・直径 1 μm くらいの大きさ

　　　　　　　　　　　6＿＿＿＿＿＿＿生物

　　7＿＿＿＿＿＿・・・カビやキノコのなかま

　　　　　　　真核生物

　　原生生物・・・動物・植物・菌類をのぞく

　　　　　　　真核生物

> **Note**
>
> 1μm は 100 万分の 1m
> （1 μm = 0.000001 m = 0.001 mm）

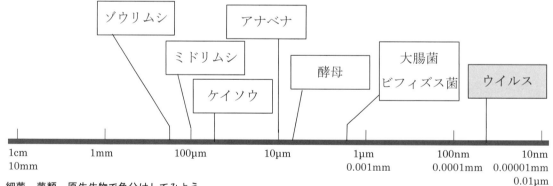

細菌，菌類，原生生物で色分けしてみよう

●Memo●

58

8 _____ 細胞…核をもたない   10 _____ 細胞…核をもつ

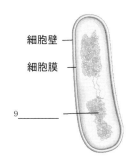

細胞壁 —
細胞膜 —
9 _____

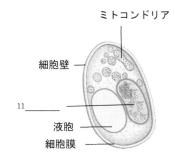

ミトコンドリア
細胞壁 —
11 _____
液胞
細胞膜

原核生物：原核細胞でできている生物   真核生物：真核細胞でできている生物

・12 _____…電子を用いる

　　　　　　　光学顕微鏡よりはるかに高い倍率が得られる

　　　　　　　色がつかない

　　透過型電子顕微鏡…薄い試料を作成して観察する

　　走査型電子顕微鏡…物質の 13 _____ を観察する

・ウイルスと微生物

	ウイルス	微生物
自己複製	できる	14 _____
細胞構造	もたない	もつ
物質の出入り	ない	ある
増殖	15 _____ の中でのみ	環境中で増殖

　→ウイルスは，生物とはいえない

●Memo●

ヒトのからだと微生物

16＿＿＿＿＿＿＿…外界と接しているからだの部分に，日常的に生息している細菌

　　場所：17＿＿＿＿＿＿，口腔，18＿＿＿＿＿＿　など

　　　　最も多く生息しているのは腸内

19＿＿＿＿＿＿＿＿…ヒト1人あたり約1 kgにもなる。

　　役割：食物の消化を助ける，病原菌の増殖を防ぐ

　　害：有害な物質をつくり，病気の原因になる

常在菌の例

	場所	役割	害
表皮ブドウ球菌 20＿＿＿＿＿＿＿	皮膚	皮膚を弱酸性に保って皮脂膜をつくる	化膿性の皮膚炎症（ニキビ）を起こすことがある
ミュータンス菌	口腔		21＿＿＿＿＿＿の原因菌
22＿＿＿＿＿＿＿＿＿	腸	腸内環境を安定に保つ	
ウェルシュ菌	腸		腸内のタンパク質を 23＿＿＿＿＿＿させる
バクテロイデス	腸	健康時には影響を与えない	

●Memo●

微生物の発見

- 24_____

　　球形のレンズを 1 個もつ単純な構造の顕微鏡を組み立てた

　　水中の微生物，動物の精子，植物の種子などを観察・記録

　　歯の表面の沈着物（プラーク）をとって観察

　　　→初めて微生物の存在を明らかにした。

- 25_____

「微生物はすでに存在する微生物から発生する」

肉汁の入ったフラスコを加熱滅菌したもの

①　②　③　④

微生物が発生するフラスコをすべて選ぼう

①と②を比較　→　加熱しすぎて 26_____が変わったため？

③　→　管を通して微生物が 27_____

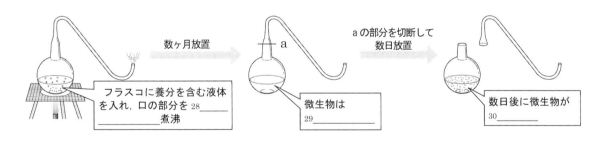

数ヶ月放置

フラスコに養分を含む液体を入れ，口の部分を 28_____煮沸

a の部分を切断して数日放置

微生物は 29_____

数日後に微生物が 30_____

a の部分を切断して数日放置

S 字管を用いる理由

・空気は 31_____（空気の性質が変わったという主張に対する反論）

・微生物は 32_____　←S 字管のカーブで引っかかるから

a の部分を切断してわかること

・33_____によって培養液に微生物が発生する

・培養液は加熱しても微生物が発生できる状態である

発酵とは

・呼吸と発酵

どちらも 1＿＿＿＿＿＿＿をとり出す反応

	呼吸	発酵	
		乳酸発酵	2＿＿＿＿＿＿＿
酸素	使う	使わない	
材料	3＿＿＿＿＿＿＿などの有機化合物		
		牛乳やヤギの乳などに含まれる糖類	
分解後の物質	4＿＿＿＿＿＿＿と 5＿＿＿＿	6＿＿＿＿＿	エタノールと 4＿＿＿＿＿＿＿
生物	多くの生物	7＿＿＿＿＿＿など	8＿＿＿＿＿(イースト)など
食品での利用例		9＿＿＿＿＿＿＿, チーズ	10＿＿＿＿＿＿やピザの生地

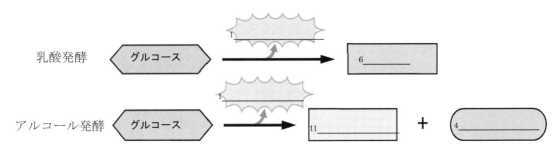

乳酸発酵　グルコース → 1＿＿＿＿＿＿　6＿＿＿＿＿

アルコール発酵　グルコース → 11＿＿＿＿＿　+　4＿＿＿＿＿＿＿

さまざまな発酵食品

おもに 12＿＿＿＿＿＿のはたらきを利用
甘酒　かつおぶし

おもに 8＿＿＿＿＿のはたらきを利用
パン　みりん　焼酎　しょうちゅう　日本酒　カマンベールチーズ　塩辛
ビール　ウイスキー　ワイン　葡萄酒　しょうゆ　みそ
漬け物　醸造酢　酢　キムチ　納豆　乳酸菌飲料　チーズ　ヨーグルト

おもに 13＿＿＿＿＿のはたらきを利用

腐敗

- 酸素を 14＿＿＿＿＿＿＿
- タンパク質などの 15＿＿＿＿＿＿＿＿＿＿を分解する
- 有害な物質が生成される
  - →発酵，腐敗のいずれもが生命活動のためのエネルギーをとり出す営み
  - →腐敗による生成物が 16＿＿＿＿＿の原因になることもある

腐敗を防ぐ工夫　　→　生命活動をしにくい状況をつくる

冷凍・冷蔵　　　　　　化学反応を遅くしたり止めたりする

砂糖・塩漬け・乾燥　　19＿＿＿＿をなくす

脱酸素剤・真空パック　微生物が 20＿＿＿＿できないようにする

21＿＿＿＿　　　　　　空気中の微生物が入らないようにしたあと，加熱・殺菌する

医療への微生物の利用

22＿＿＿＿＿＿…微生物によってつくられ，ほかの生物の細胞の生育や機能を
阻害する物質

- ペニシリン
  最初に発見された抗生物質（フレミングが発見）
  23＿＿＿＿＿＿が生成
  負傷兵の傷が化膿するのを防ぐ
  ペニシリウムというアオカビの学術的な名前から命名
- ストレプトマイシン
  放線菌とよばれる細菌の一種が生成
  24＿＿＿＿の治療薬として優れた効果
  ストレプトマイセスという菌の名前から命名

25＿＿＿＿＿…抗生物質が効かない

抗生物質を探す

抗生物質の効かない耐性菌

○₂₆＿＿＿＿＿＿＿＿＿によるインスリン生産

以前：ブタやウシのインスリンをとり出して使っていた

　→　連続して使うと副作用があるなどの問題

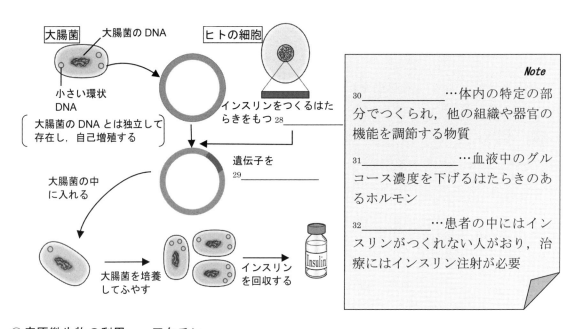

現在：₂₇＿＿＿＿＿＿を使ってヒトのインスリンをつくり，利用している

Note

₃₀＿＿＿＿＿＿＿…体内の特定の部分でつくられ，他の組織や器官の機能を調節する物質

₃₁＿＿＿＿＿＿＿…血液中のグルコース濃度を下げるはたらきのあるホルモン

₃₂＿＿＿＿＿…患者の中にはインスリンがつくれない人がおり，治療にはインスリン注射が必要

○病原微生物の利用　〜ワクチン〜

・免疫のしくみを応用する

　₃₃＿＿＿＿＿…体内に入ってきた病原体をすみやかに排除できるように準備しておく

　₃₄＿＿＿＿＿…予防接種に使われる無毒化もしくは毒性を弱めた病原体や毒素などを含む製剤

●Memo●

生態系

1＿＿＿＿＿＿
自ら無機化合物から有機化合物をつくる

2＿＿＿＿＿＿
生産者のつくった有機化合物を利用する

光，温度などの 3＿＿＿＿＿＿

4＿＿＿＿＿＿：有機化合物が無機化合物にまで分解される過程にかかわる生物

炭素循環における微生物

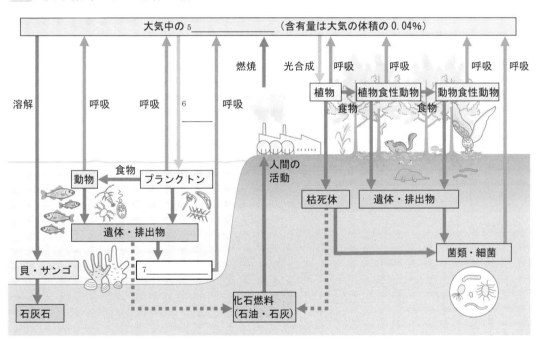

大気中の 5＿＿＿＿＿＿＿（含有量は大気の体積の 0.04％）

燃焼　光合成　呼吸　　呼吸　　　　呼吸　呼吸

植物　植物食性動物　動物食性動物

溶解　呼吸　呼吸　6＿＿＿＿　呼吸　　食物　　　食物

人間の活動

食物　動物　プランクトン

枯死体　遺体・排出物

遺体・排出物

菌類・細菌

貝・サンゴ　7＿＿＿＿＿＿

石灰石　化石燃料（石油・石灰）

微生物…8＿＿＿＿＿＿や 9＿＿＿＿＿＿中の有機化合物を分解して二酸化炭素を放出している
　→生命活動に必要なエネルギーをとり出す営み（呼吸）

10＿＿＿＿＿＿や 11＿＿＿＿＿＿…生物によって分解されなかった生物の遺体など

65

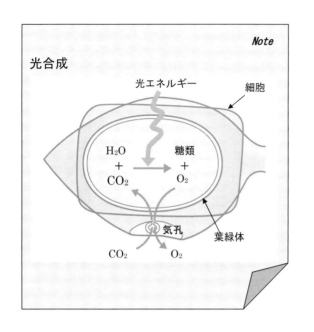

光合成

光エネルギー

細胞

H_2O + CO_2 → 糖類 + O_2

気孔

葉緑体

CO_2 O_2

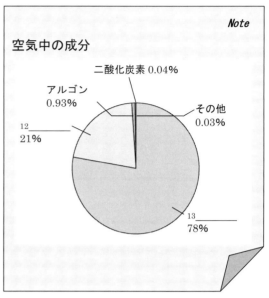

空気中の成分

二酸化炭素 0.04%

アルゴン
0.93%

その他
0.03%

12_____
21%

13_____
78%

窒素循環における微生物

・タンパク質には 13_____ が含まれる

植物…土壌中から無機窒素化合物をとり入れて利用する

動物…食物として窒素分をとり込む

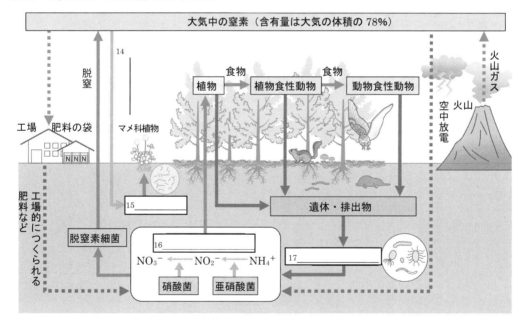

大気中の窒素（含有量は大気の体積の78%）

脱窒

14_____

火山ガス

食物 食物

植物 → 植物食性動物 → 動物食性動物

空中放電 火山

工場 肥料の袋

マメ科植物

肥料など 工場的につくられる

N N N

脱窒素細菌

15_____

遺体・排出物

16_____

NO_3^- ← NO_2^- ← NH_4^+

硝酸菌 亜硝酸菌

17_____

水質浄化と微生物

・人間が流す排水が少ない場合

　　汚れた水が川に流れ込む

　　→川底にすむ微生物のはたらきで，汚れの原因となる有機化合物は分解される

・水質汚濁が進む場合

　　18＿＿＿＿＿＿＿＿が必要…汚れた水を処理する

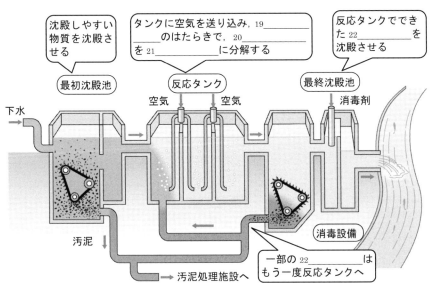

沈殿しやすい物質を沈殿させる

タンクに空気を送り込み，19＿＿＿＿＿のはたらきで，20＿＿＿を21＿＿＿に分解する

反応タンクでできた22＿＿＿を沈殿させる

最初沈殿池　　反応タンク　　最終沈殿池

下水　　空気　　空気　　消毒剤

汚泥

→ 汚泥処理施設へ

消毒設備

一部の22＿＿＿はもう一度反応タンクへ

○活性汚泥中の微生物の例

　　細菌（原核生物）

　　　　↑食べる

　　単細胞生物（真核生物）：アルケラ，ツリガネムシ　など

　　　　↑食べる

　　多細胞生物（真核生物）：ワムシのなかま　など

●Memo●

Check

□**1** 肉眼では観察できない微小な生物を総称して何というか。

□**2** 核をもたない細胞を何というか。

□**3** 核をもつ細胞を何というか。

□**4** 皮膚や腸などに，日常的に生息している細菌を何というか。

□**5** 微生物がすでに存在する微生物から発生するということを明らかにしたのはだれか。

□**6** 微生物が，酸素を利用しないで糖などの有機化合物を分解する現象を何というか。

□**7** 乳酸菌などが，糖類を分解して乳酸を生成する発酵を何というか。

□**8** ビールやワインなどの醸造や，パンをふくらませる際に利用されている発酵を何というか。

□**9** アルコール発酵で生成する物質を二つ答えよ。

□**10** ダイズやコムギを原料に，コウジカビや酵母，乳酸菌をはたらかせた発酵食品を二つ答えよ。

□**11** 微生物が，おもに酸素を利用しないで，タンパク質などの有機窒素化合物を分解し，有害な物質が生成される現象を何というか。

□**12** 食品の保存方法で，微生物が呼吸をできないようにするものは何か。

□**13** 食品の保存方法で，水分をなくす方法を三つ答えよ。

□**14** 微生物によってつくられ，ほかの生物の細胞の生育や機能を阻害する物質を何というか。

□**15** 抗生物質の効かない細菌を何というか。

□**16** 遺伝子組換え技術を用いてインスリンを生産するために利用している細菌は何か。

□**17** 病気に対する免疫をつけるためにワクチンを投与することを何というか。

□**18** ある地域に生活する生物とそれをとりまく光や温度などの非生物的な環境を含めて何というか。

□**19** 18において，植物のように自ら無機化合物から有機化合物をつくる生物を何というか。

□**20** 生産者のつくった有機化合物を利用する生物を何というか。

□**21** 20のうち，菌類や細菌のような，有機化合物を無機化合物にまで分解する過程にかかわる生物を何というか。

□**22** マメ科植物の根に共生し，窒素固定が可能な細菌を何というか。

□**23** 下水処理場で使われている，微生物が活動する汚泥を何というか。

1 _____

2 _____

3 _____

4 _____

5 _____

6 _____

7 _____

8 _____

9 _____

10 _____

11 _____

12 _____

13 _____

_____

_____

14 _____

15 _____

16 _____

17 _____

18 _____

19 _____

20 _____

21 _____

22 _____

23 _____

確認問題

1 微生物に関する以下の文について，正しい場合には○を，誤っている場合には×を答えよ。

⑴ カビやキノコのなかまである菌類は，肉眼で見えるので微生物ではない。

⑵ 細菌は，直径 $1\mu m$ くらいの大きさの単細胞生物である。

⑶ ゾウリムシやミドリムシは，核をもたない原核細胞でできているので，原生生物のなかまである。

⑷ ウイルスは小さいので，光学顕微鏡で見ることができない。

2 腐敗は微生物のはたらきの結果なので，微生物が活動しにくい状況をつくり出せば，食品の腐敗を防ぐことができる。次の⑴～⑶の保存方法は，どのようにして微生物を活動しにくくさせているといえるか。それぞれ下の①～③より適当なものを選び，番号で答えよ。

⑴ 砂糖漬け・塩漬け

⑵ 脱酸素剤の使用

⑶ 冷蔵庫や冷凍庫による保存

    ① 微生物が呼吸できないようにする　　② 水分をなくす

    ③ 呼吸などによる化学反応を遅くする

3 次の文の（　）に適する語句を〔語群〕より選び，番号で答えよ。

　私たちのからだには病原体を排除するしくみがある。このしくみを応用したものを（¹　）といい，無毒化もしくは毒性を弱めた病原体や毒素などを含む製剤である（²　）を使う。また，微生物によってつくられ，ほかの生物の細胞の生育や機能を阻害する物質を（³　）といい，医薬品として利用される。

〔語群〕

① ホルモン　② 耐性菌　③ 予防接種　④ ワクチン　⑤ 抗生物質

4 次の図について，⑴～⑶の問いに答えよ。

⑴ 生産者にあてはまるものはどれか。すべて選べ。

⑵ 消費者にあてはまるものはどれか。すべて選べ。

⑶ 分解者にあてはまるものはどれか。すべて選べ。

1	
(1)	
(2)	
(3)	
(4)	

2	
(1)	
(2)	
(3)	

3	
(1)	
(2)	
(3)	

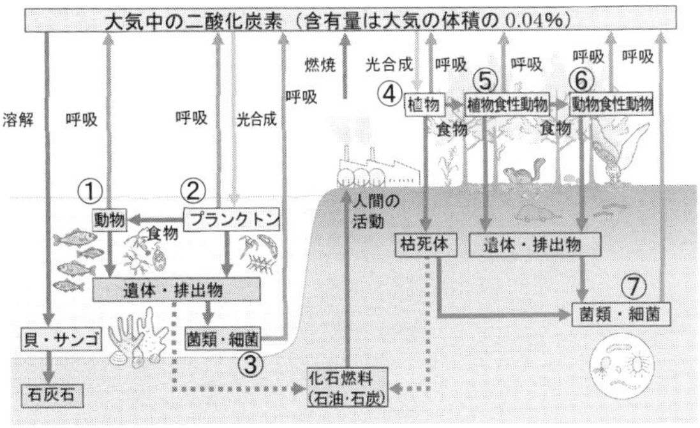

4	
(1)	
(2)	
(3)	

●Memo●

●Memo●

4－1 熱 p.108～113

温度と熱

○物体の温度

1＿＿＿＿＿…冷温の度合いを 2＿＿＿＿＿で表したもの

温度計…温度を測定する器具

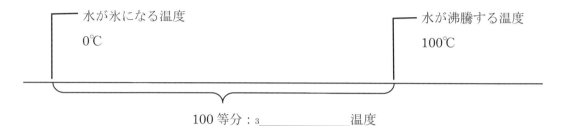

水が氷になる温度

0℃

水が沸騰する温度

100℃

100等分：3＿＿＿＿＿＿＿温度

○温度と熱

4＿＿＿＿＿＿…接触している物体の温度が 5＿＿＿＿＿なった状態

例：机と室温が同じ温度になっている

・温度の異なる二つの物体が熱平衡になるとき

```
┌──────────┐        6＿＿＿＿＿＿      ┌──────────┐
│ 高温の物体  │ ────────────────→ │ 低温の物体  │
└──────────┘                      └──────────┘
  温度が下がる                        温度が上がる
```

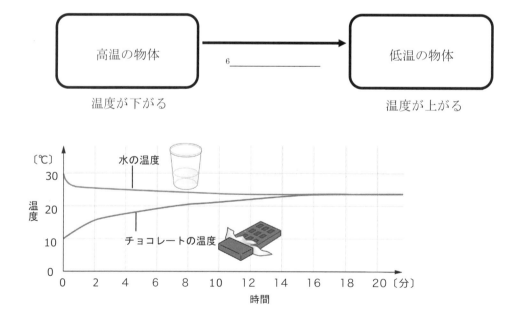

●熱の伝わり方

7＿＿＿＿＿

接触する物体間で伝わる

7＿＿＿＿＿の速さは物質の種類や
状態によって異なる

鉄：伝わりやすい

空気：伝わりにくい

8＿＿＿＿＿

7＿＿＿＿＿

9＿＿＿＿＿

●温度と熱運動

○熱運動

10＿＿＿＿＿…原子や分子がさまざまな速度で 11＿＿＿＿＿に運動していること

物体の温度が高い…熱運動が激しい

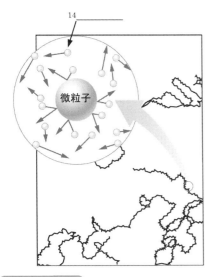

14＿＿＿＿＿

微粒子

12＿＿＿＿＿＿＿＿…液体または気体中に浮
遊する微粒子が 13＿＿＿＿＿に運動する

→14＿＿＿＿＿が微粒子に 11＿＿＿＿＿に衝突
することで起こる

●Memo●

73

○物質の三態と熱運動

三態…15＿＿＿＿＿＿＿ ・ 16＿＿＿＿＿＿ ・ 17＿＿＿＿＿＿

18＿＿＿＿＿＿＿＿＿＿…物質の状態が変化すること

温度上昇とともに分子の 10＿＿＿＿＿＿＿ は激しくなっていき，固体，液体，気体と変化する。

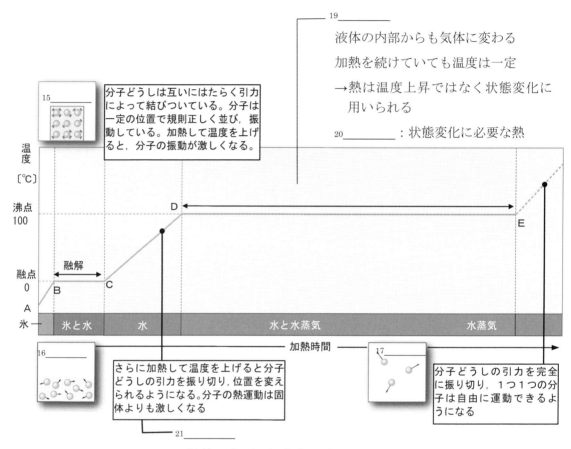

19＿＿＿＿＿＿＿

液体の内部からも気体に変わる

加熱を続けていても温度は一定

→熱は温度上昇ではなく状態変化に
　用いられる

20＿＿＿＿＿＿：状態変化に必要な熱

15＿＿＿＿＿＿

分子どうしは互いにはたらく引力
によって結びついている。分子は
一定の位置で規則正しく並び，振
動している。加熱して温度を上げ
ると，分子の振動が激しくなる。

温度〔℃〕

沸点 100

融点 0

A 氷

B

C

D

E

融解

氷と水　　水　　水と水蒸気　　水蒸気

加熱時間

16＿＿＿＿＿＿

さらに加熱して温度を上げると分子
どうしの引力を振り切り，位置を変え
られるようになる。分子の熱運動は固
体よりも激しくなる

21＿＿＿＿＿＿

液体の表面から水分子が飛び出し，
気体に変わる

17＿＿＿＿＿＿

分子どうしの引力を完全
に振り切り，1つ1つの分
子は自由に運動できるよ
うになる

○温度の限界と絶対温度

22＿＿＿＿＿＿＿＿＿＿（−273℃）

　…分子の熱運動がほとんど止まってしま
　　う温度

23＿＿＿＿＿＿＿＿〔24＿＿＿＿＿＿＿＿＿＿〕

　…絶対零度を基準に，セルシウス温度目盛
　　りと同じ間隔で刻んだ温度

$$T \quad = \quad t \quad + \quad 273$$

　絶対温度　セルシウス温度

セルシウス温度	絶対温度	例
100℃	373K	水の沸点
36℃	309K	人間の体温
0℃	273K	水の融点(凝固点)
−79℃	194K	ドライアイスの昇華点
−196℃	77K	液体窒素の沸点
−273.15℃	0K	絶対零度

熱の量と温まりやすさ

○熱量

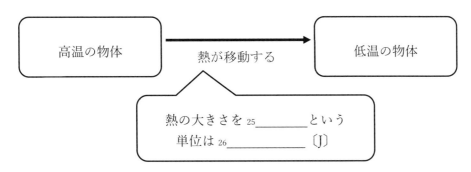

高温の物体 　熱が移動する→ 　低温の物体

熱の大きさを 25＿＿＿＿＿ という
単位は 26＿＿＿＿＿＿＿〔J〕

○熱容量と比熱

27＿＿＿＿＿〔28＿＿＿＿＿〕

　ジュール毎ケルビン

物体の温度を　　　　　1K 上昇させるのに
必要な熱量

熱容量 C〔J/K〕　　　　　　　の物体を
T_1〔K〕から T_2〔K〕へ上昇させるのに必
要な熱量 Q〔J〕

$$Q = C \times (T_2 - T_1)$$

29＿＿＿＿＿（比熱容量）〔30＿＿＿＿＿＿＿〕

　ジュール毎グラム毎ケルビン

31＿＿＿＿＿＿＿＿＿　1K上昇させるのに
必要な熱量

比熱 c〔J/(g・K)〕，質量 m〔g〕の物体を
T_1〔K〕から T_2〔K〕へ上昇させるのに必
要な熱量 Q〔J〕

$$C = m \times c$$
$$Q = m \times c \times (T_2 - T_1)$$

熱量の保存

高温の物体
$-Q_1$
　熱が移動する→ 　低温の物体
$+Q_2$

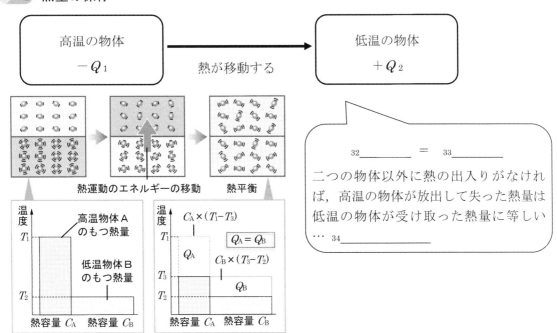

熱運動のエネルギーの移動　　熱平衡

32＿＿＿＿＿ ＝ 33＿＿＿＿＿

二つの物体以外に熱の出入りがなけれ
ば，高温の物体が放出して失った熱量は
低温の物体が受け取った熱量に等しい
… 34＿＿＿＿＿＿＿

熱とエネルギー

○仕事と熱

力を加えて物体を動かしたとき，力が物体に 1＿＿＿＿＿＿＿＿という。

物体の温度を上げるには，

$\left\{\begin{array}{l}\text{物体に 2＿＿＿＿を加える}\\\text{物体に 3＿＿＿＿＿をする}\end{array}\right.$

→仕事と熱は 4＿＿＿＿＿である

○仕事とエネルギー

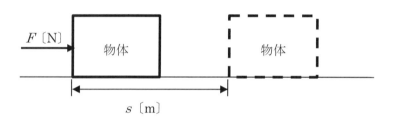

物体に力 F〔N〕を加えながら力の向きに距離 s〔m〕だけ移動させたときの
仕事 W〔J〕

$$W \;=\; F \;\;{}_5\underline{\quad\quad}\;\; s$$

・エネルギー〔J〕

ある物体が仕事のできる状態にあるとき，この物体は 6＿＿＿＿＿＿＿＿＿
＿＿＿＿＿という。

→仕事と熱は等価である

→ほかの物体の 7＿＿＿＿＿＿＿ことができる物体はエネルギーをもつ

$\left\{\begin{array}{l}\text{力学的エネルギー}\\\text{電気エネルギー}\\\text{化学エネルギー}\\\text{光エネルギー}\\\text{熱エネルギー}\end{array}\right.$

→加えられたエネルギーが 2＿＿＿＿に変わることで物体の温度が上昇する

力学的エネルギーと発熱

○運動エネルギーと発熱

8_____〔J〕

　…運動している物体のもつエネルギー

　　運動する物体の 9_____m〔kg〕およびこの物体の 10_____v〔m/s〕
　　が大きいほど大きい

　　レーシングカーがブレーキをかけると，タイヤと路面の摩擦によって
　　タイヤの 11_____が上がる

　　　→運動エネルギーが 2_____に変わったため

○位置エネルギー

重力による 12_____〔J〕

　…高い場所にある物体がもっているエネルギー

　　物体の 9_____m〔kg〕が大きいほど，その物体の 13_____h〔m〕が
　　高いほど大きい。

○力学的エネルギー保存の法則

14_____エネルギーE　…　運動エネルギーKと位置エネルギーUの和

　　$E　=　K　+　U$

　　　質量m〔kg〕のおもりを高さh〔m〕の点A
　　　から放す

　…15_____Uだけをもつ

高さ 18____まで上がる

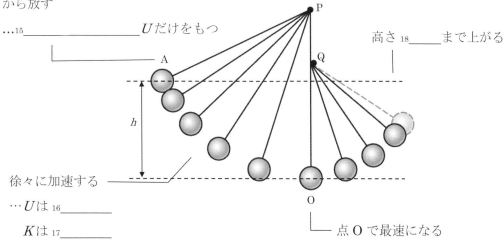

徐々に加速する

　　…Uは 16_____

　　　Kは 17_____

点Oで最速になる

　　力学的エネルギーE（$K+U$）は 19_____

　　　→　20_____の法則

電気エネルギーと発熱

○金属の抵抗と電流

21＿＿＿＿＿＿＿＿…金属に 22＿＿＿＿＿を流し続けたときに生じる熱

ジュール熱 Q〔J〕の大きさは，金属にかかる 23＿＿＿＿V〔V〕と流れる

22＿＿＿＿I〔A〕，電流が流れた 24＿＿＿＿t〔s〕とすると，

$$Q = I \times V \times t$$

電流が流れている金属に物体を接触させるとジュール熱によって物体の

11＿＿＿＿＿が上がる

→電流が流れている金属は 25＿＿＿＿＿＿＿をもっている

○電力

26＿＿＿＿（消費電力）…電流が流れることによって1秒間にされる 3＿＿＿＿

27＿＿＿＿＿〔W〕　…電流が流れることによって1秒間にされる 28＿＿＿＿＿

電力を P〔W〕，電流を I〔A〕，電圧を V〔V〕とすると，

29＿＿＿ ＝ 30＿＿＿ × 31＿＿＿

→ $Q = P \times$ 32＿＿＿

○化学エネルギーと発熱

33＿＿＿＿＿＿＿＿＿＿＿

…物質がもっているエネルギー

物質が 34＿＿＿＿＿＿するとき，一部は 2＿＿＿エネルギーなどに変わる

例：燃焼

→35＿＿＿＿反応という

物質が化学変化するとき，物体が熱を 36＿＿＿＿し，物体の温度が 37＿＿＿＿＿

→吸熱反応という

○カロリーとジュール

1 cal…水 38＿＿＿を 39＿＿＿＿上昇させるのに必要な熱量

1 cal ≒ 4.2 J

◯ 光のエネルギーと発熱

◯40＿＿＿＿＿＿＿＿

　光が物体に当たり，その光を物体が吸収すると，物体の 11＿＿＿＿＿が上がる。

　→光もエネルギーをもっている

◯放射と光

　電磁波 { 可視光線：眼で見える

　　　　　赤外線

　　　　　紫外線

　　　　　　　など

　温度をもつ物体（太陽，炎など）…41＿＿＿＿＿＿を放射している

　→放射された光によって，他の物体の温度が上がる場合がある

　→熱の伝わり方の一つ：42＿＿＿＿＿

●Memo●

79

検印欄

熱の利用とエネルギー変換

○エネルギー変換

本のもっていた運動エネルギー

↓

1＿＿＿＿＿＿

↓

本や机，空気の熱エネルギー

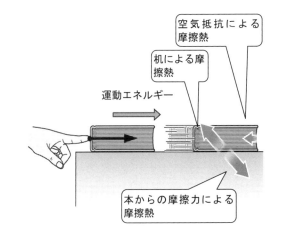

空気抵抗による摩擦熱

机による摩擦熱

運動エネルギー

本からの摩擦力による摩擦熱

エネルギー変換

　…エネルギーの形態が変わること

○エネルギー保存の法則

物体が 2＿＿＿＿＿エネルギーは，外部から 3＿＿＿＿＿＿エネルギーに 4＿＿＿＿＿

物体が 5＿＿＿＿＿エネルギーは，外部の物体が 6＿＿＿＿＿エネルギーに 7＿＿＿＿＿

→エネルギーの総和は一定に保たれる：8＿＿＿＿＿＿＿＿＿の法則

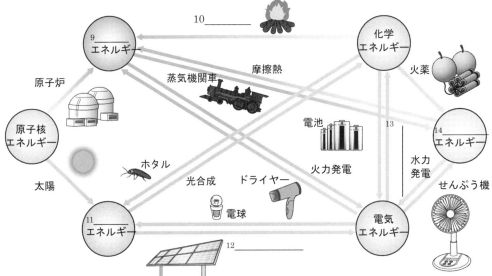

10＿＿＿＿＿

9＿＿＿＿＿エネルギー

化学エネルギー

火薬

原子炉

蒸気機関車

摩擦熱

原子核エネルギー

電池

13

14＿＿＿＿エネルギー

水力発電

太陽

ホタル

光合成

ドライヤー

火力発電

せんぷう機

11＿＿＿＿エネルギー

電球

12＿＿＿＿＿

電気エネルギー

エネルギーの保存と熱機関

15＿＿＿＿＿＿…燃料を燃焼することで得られた 16＿＿＿＿＿＿＿＿を利用し，
17＿＿＿＿＿＿＿仕事をする装置

　　例：蒸気機関，ガソリンエンジン

ガソリンエンジン

点火プラグ

混合気体を
19＿＿＿＿＿する

点火

電気火花で 20＿＿＿＿＿し，
燃焼，21＿＿＿＿＿させる

燃料と空気

排ガス

気化した 18＿＿＿＿＿＿と
空気との混合気体をシリ
ンダー内に吸入する

圧縮によって燃焼した
気体を排出する

○22＿＿＿＿＿＿

高温の物体から得た熱量に対する 23＿＿＿＿＿＿＿

$$e（熱効率）＝\frac{Q_1-Q_2}{Q_1}×100$$

得た熱量をすべて仕事として使いきることができない
⟺熱効率が 100％の熱機関は 24＿＿＿＿＿＿＿

高温の物体

①熱 Q_1 を 25＿＿＿＿＿＿

熱機関　②26＿＿＿＿＿＿
仕事 を 27＿＿＿ に
変えてとり出す

③熱 Q_2 を 28＿＿＿＿

低温の物体

・29＿＿＿＿＿＿＿…もとに戻るような変化が自然に起こらない現象

　　例：冷えたお茶は周囲から熱をうばって熱くなることはない

・30＿＿＿＿＿＿＿…エネルギーを与えなくても永久に仕事をし続ける機関

　→熱効率は 100％にできない，31＿＿＿＿＿＿は不可逆

　→永久機関は実現不可能

●Memo●

● エネルギーの有効利用

○ヒートポンプ

32＿＿＿＿＿＿＿＿＿＿を使い外部から 27＿＿＿＿＿をして，低温熱源から高温熱
源へ熱をくみ上げる装置

　例：冷蔵庫，エアコン

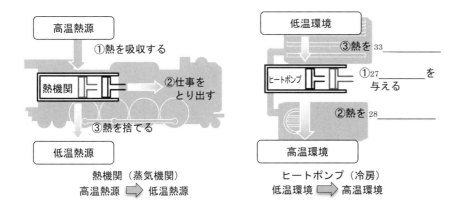

熱機関（蒸気機関）
高温熱源 ⇨ 低温熱源

ヒートポンプ（冷房）
低温環境 ⇨ 高温環境

○34＿＿＿＿＿＿＿＿＿＿＿＿＿＿＿＿＿＿

熱源から 35＿＿＿＿＿と 36＿＿＿＿＿を生産し，供給するシステム

熱機関から必ず発生する 37＿＿＿＿＿を利用する

給湯や暖房など

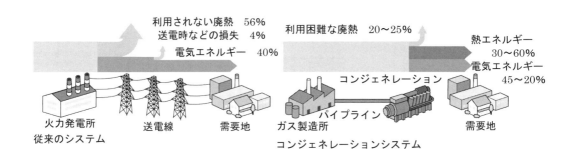

火力発電所
従来のシステム

コンジェネレーションシステム

コージェネレーションシステムとヒートポンプを組み合わせることで，効率
の高いエネルギー利用を実現

●Memo●

○新しいエネルギーの利用と地球環境

日本では，電力の 7 割以上は火力発電

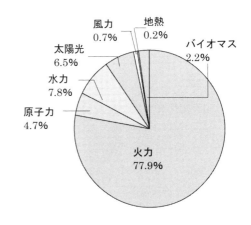

・ 38＿＿＿＿＿＿＿エネルギー

…資源が枯渇する恐れがない

利用される以上の速度で自然界からたえず補充される

	利点	問題点
39＿＿＿＿発電	風が吹けば 24 時間発電が可能 海上にも設置できる CO_2 を排出しない	風速によって発電量が変動する
太陽熱発電	40＿＿＿＿＿＿に発電が可能 蓄熱により夜間でも電気を利用できる CO_2 を排出しない	天候に左右される 広い土地が必要
水力発電	運転，停止が簡単にでき，電力需要の大きい時間帯に発電を集中できる さまざまな規模で発電できる CO_2 を排出しない	ダムの建設によって 41＿＿＿＿＿＿が生じる 42＿＿＿＿によって発電量が変動する
43＿＿＿＿発電	季節や天候による影響を受けにくい CO_2 を排出しない	44＿＿＿＿＿＿や発電所建設に大きな費用が必要となる 発電量が少ない

●Memo●

Check

□**1** 1 気圧における水の沸点と凝固点を基準に取り，その間を 100 等分した温度を何というか。

1 _____

□**2** 高温の物体と低温の物体を接触させ，長時間放置しておくと，やがて二つの物体の温度が一致する。温度が一致した状態を何というか。

2 _____

□**3** 物体から電磁波の形で熱が運ばれる現象を何というか。

3 _____

□**4** 金属のスプーンの一端を加熱すると，もう一方の端に熱が伝わって熱く感じる。このときの熱の移動現象を何というか。

4 _____

□**5** 物質を構成する原子や分子の乱雑な運動を何というか。

5 _____

□**6** 空気中の分子などが不規則な運動をして微粒子に衝突し，微粒子が微細な動きをする。この微粒子の動きを何というか。

6 _____

□**7** 固体から液体などのように物質の状態が変化することを何というか。

7 _____

□**8** 37℃であった人間の体温を絶対温度で表せ。その際，単位も書け。

8 _____

□**9** 高温の物体と低温の物体の間で移動する熱の量を何というか。

9 _____

□**10** 9 の単位は何か。記号で答えよ。

10 _____

□**11** 物質の温度を 1g あたり 1K 上昇させるのに必要な熱量を何というか。

11 _____

□**12** 物体の温度を 1K 上昇させるのに必要な熱量を何というか。

12 _____

□**13** 物体に力を加えて力の向きに動かすことを何というか。

13 _____

□**14** 13 の単位は何か。記号で答えよ。

14 _____

□**15** 物体 A がほかの物体に仕事をする能力をもっているとき，物体 A は何をもっているというか。

15 _____

□**16** 動いている物体がもつエネルギーを何というか。

16 _____

□**17** 力学的エネルギーは，何と何の和であるか。

17 _____

□**18** 手回し発電機は，発電機を回す運動エネルギーを何エネルギーに変換しているか。

18 _____

□**19** 電池は何エネルギーを電気エネルギーに変換しているか。

19 _____

□**20** エネルギーは，その種類が変わっても，その総量は変化しないことを何の法則というか。

20 _____

□**21** 自動車のエンジンのように熱を利用し，仕事を連続的に取り出している装置を何というか。

21 _____

□**22** ある熱機関が Q〔J〕の熱を吸収して W〔J〕の仕事をした。この熱機関の熱効率 e はいくらか。

22 _____

□**23** 電気エネルギーを使って外部から仕事をすることで低温熱源から高温熱源へ熱をくみ上げる装置を一般に何というか。

23 _____

□**24** 資源の枯渇する恐れがなく，利用される以上の速度で自然界からたえず補充されるようなエネルギーを何というか。

24 _____

確認問題

1 次の各問いに答えよ。

⑴ 温度について書かれた文のうち誤っているものをすべて選べ。

　ア　ものの冷温の程度を数値で表したものが温度である。

　イ　ものを加熱すると，それを構成する原子や分子の体積が大きくなる。

　ウ　物体の温度を1K上昇させる熱量は，物体の質量が多いほど大きく，物質の種類には関係ない。

　エ　温度には上限も下限もない。

⑵ 20℃のなたね油，水，鉄，コンクリートの500gを1000Wの電熱線で加熱したとき，最も早く100℃に達するのはどれか。

2 次の文について，正しい場合には○を，誤っている場合には×を記せ。

(1)　固体の温度を上昇させると，やがて分子間の力を振り切り液体に変化し，さらに温度が上がると気体に変わる。

(2)　なべやフライパンの取っ手の部分にプラスチックや木が用いられるのは，プラスチックや木の方が鉄よりも熱放射が少ないからである。

(3)　温度差1℃と温度差1Kは等しい。

3 次の各問いに答えよ。

⑴ 次のエネルギーは直接力学的エネルギーに変換できるか，○×で答えよ。

　　a 熱エネルギー　　b 化学エネルギー　　c 電気エネルギー

　　d 光エネルギー　　e 原子核エネルギー

⑵ 次の文章のうち誤りがあるものを2つ選べ。

　ア　仕事と熱は等価である。

　イ　ジュール熱の大きさは，電流 I と電圧 V と電流が流れた時間 t の積で表される。

　ウ　1秒間のエネルギー消費量を仕事率といい，電気の場合は電力ともいい，ジュール熱と時間の積で表される。

　エ　熱を利用して継続的に仕事をとり出すのが熱機関である。

　オ　エネルギーの形態によらずエネルギーの総量は保存している。

　カ　エネルギーなしで仕事をする機関はないが熱効率100%は可能である。

4 次の各問いに答えよ。

　ア　宇宙空間の温度は2.7Kである。セ氏温度では何℃か。

　イ　煮込んでいるカレーの温度は102℃だった。カレーの肉の内部の温度は何℃か。

　ウ　20℃のなたね油300gを160℃にするのに必要な熱量を求めよ。ただし，なたね油の比熱を2.04J/(g・K)とする。

　エ　熱3600Jを得て仕事540Jをする熱機関の熱効率を求めよ。

1	
(1)	
(2)	
2	
(1)	
(2)	
(3)	
3	
(1)	
a	
b	
c	
d	
e	
(2)　　　　,	
4	
ア　　　　　　　℃	
イ　　　　　　　℃	
ウ　　　　　　　J	
エ	

●Memo●

●Memo●

検印欄

光は直進する

○光の直進性

2＿＿＿＿＿…光源から出た光がまっすぐ進む

例：雲の切れ間からの光の筋が直線状態に見える

1＿＿＿＿…発光する物体

例：太陽，豆電球など

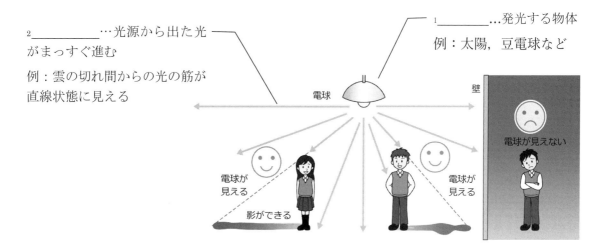

○光の速さ

真空中で 3＿＿＿＿＿m/s　　１秒間に地球表面を 4＿＿＿＿＿回る速さ

空気中や水中では 5＿＿＿＿なる

○光の反射

光は鏡などの物体に当たるとはねかえる

・6＿＿＿＿の法則

　…7＿＿＿＿角と 6＿＿＿＿角は 8＿＿＿＿＿

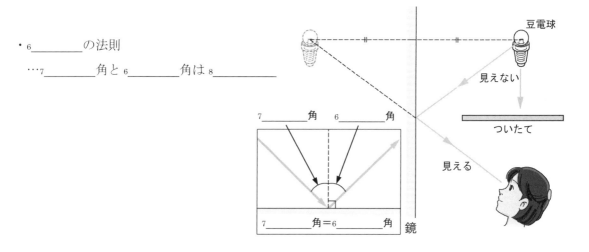

○9＿＿＿＿

物体の表面の 10＿＿＿＿によって，光はさまざまな方向に反射する

　→光が乱反射することによって，物体は四方八方から見ることができる

○光の 11_____

光が二つの物質の 12_____面で曲がる現象

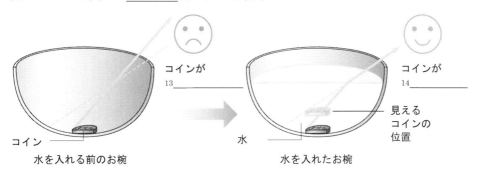

コインが
13_____

コインが
14_____

コイン

水を入れる前のお椀

水

見える
コインの
位置

水を入れたお椀

15_____（θ₁）————

: 境界面に入射する角度

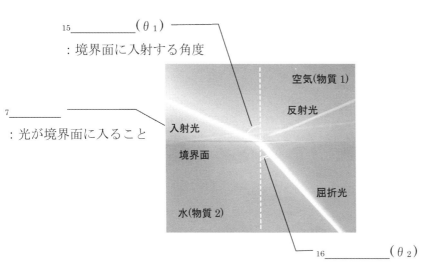

空気(物質 1)

反射光

7_____

: 光が境界面に入ること

入射光

境界面

水(物質 2)

屈折光

16_____（θ₂）

: 境界面で屈折する角度

●Memo●

○屈折率

$$\frac{AB}{CD} = n_{12} \,(一定)$$

n_{12} を物質 1 に対する物質 2 の 17＿＿＿＿＿＿＿
という。

18＿＿＿＿＿＿＿（屈折率）…光が 19＿＿＿＿＿＿
から物質中に入射するときの相対屈折率

　→物質固有の値

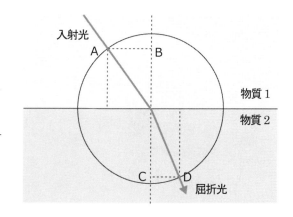

○全反射

・光が水中から空気中へ入射するとき

　　入射角をしだいに 20＿＿＿＿＿＿＿

　　→屈折角も合わせて 21＿＿＿＿＿＿＿（屈折光がしだいに水面に近づく）

　　入射角をさらに大きくする

　　→光が水面ですべて反射する：22＿＿＿＿＿

　　　例：光通信：全反射を利用している

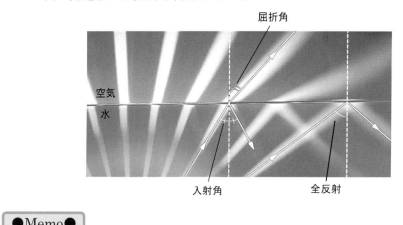

●Memo●

◯レンズと光

◯光の屈折とレンズ

レンズ…曲面をもつガラスなどの透明な物体

屈折によって光の進み方を変えることができる

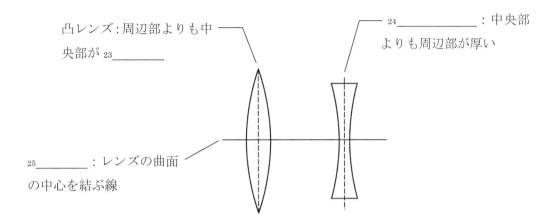

凸レンズ:周辺部よりも中央部が 23_____

24_____:中央部よりも周辺部が厚い

25_____:レンズの曲面の中心を結ぶ線

◯凸レンズと光の進み方

凸レンズの曲面に応じて曲がる

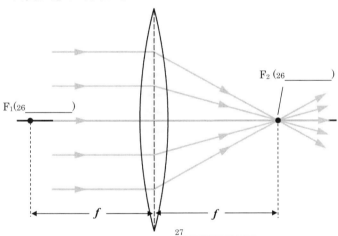

F_1 (26_____)

F_2 (26_____)

f　f

27_____

●Memo●

○凸レンズと実像

・凸レンズの焦点距離よりも遠くに物体を置いたとき

凸レンズの向こう側に，28＿＿＿＿＿＿＿＿＿の像

（29＿＿＿＿像）を結ぶ

30＿＿＿＿…レンズを通った光が 31＿＿＿＿＿＿＿＿＿
　　　　　できる像

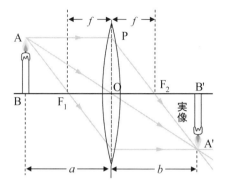

> *Note*
>
> 29＿＿＿＿像：物体と上下左右逆向きに見える像
>
> 32＿＿＿＿像：物体と同じ向きに見える像

物体を置く位置によって，実像の大きさを変えることができる

　→プロジェクターで利用

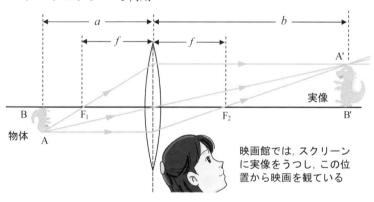

映画館では，スクリーンに実像をうつし，この位置から映画を観ている

●Memo●

○凸レンズと虚像

・凸レンズの焦点距離よりも近くに物体を置いたとき

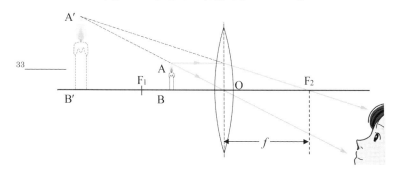

凸レンズを通して拡大された 32＿＿＿＿＿像が見える（凸レンズを通さないと見えない）

　　→物体を焦点距離よりも近づけることで，実際よりも 34＿＿＿＿＿＿見ることができる

　　→虫めがねや拡大鏡で利用

33＿＿＿＿＿…レンズを通さないと見えない像

　　　光は実際には 35＿＿＿＿＿＿＿＿＿

光は 36＿＿＿＿＿である

○光と波

　　光は 37＿＿＿＿＿である。

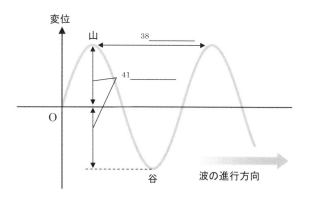

　　38＿＿＿＿＿によって 39＿＿＿＿が異なる

　　　赤色：約 700 nm

　　　紫色：約 400 nm

　　波長の短い光ほど 40＿＿＿＿＿＿が大きい

> **Note**
>
> $1 \, nm \ = \ 1 \times 10^{-9} \, m$ （10 億分の 1 m）

●Memo●

○光の分散

太陽光…さまざまな 38_____ の光が含まれている

・光の分散

　→太陽光を 42_____ に通すと，色がわかれて見える

　→プリズムを通過するときに，波長に応じた屈折角で進むために起こる

太陽光

プリズム

スペクトル

波長の 43_____ 光

赤

紫

波長の 44_____ 光

波長の短い光ほど，屈折率が 45_____

○46_____ の三原色

RGB（47_____ ・ 48_____ ・ 49_____）

組み合わせて発光させると，すべての色を表現できる

同じ明るさの赤・緑・青の光を重ねると，50_____ に見える

　→液晶モニターで利用

○51_____ の三原色

CMY（52_____ ・ 53_____ ・ 54_____）

混ぜ合わせることで，すべての色を再現できる

　→インクで利用

・M（マゼンタ）のインクに白色光を当てる

　→緑（CとY）の光を吸収し，赤と青の光（53_____）を 6_____

　→マゼンタに見える

・緑の葉CとYが混ざった色で，赤と青の光を吸収する

　→緑の葉に赤い光を当てると，反射される光がなくなる

　→55_____ に見える

○光の 56＿＿＿＿

光が，その波長と同程度以下の大きさの粒子に当たる

- →一部の光が粒子を中心に 57＿＿＿＿＿進む
- →波長が 58＿＿＿＿光ほど強く散乱される

> Note
> 波長が長い　　　赤色：約 700 nm
> ↕
> 波長が短い　　　紫色：約 400 nm

気体分子やちりなどの
微粒子で散乱

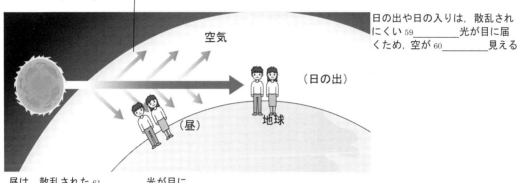

空気

（日の出）

地球

（昼）

日の出や日の入りは，散乱されにくい 59＿＿＿＿光が目に届くため，空が 60＿＿＿＿見える

昼は，散乱された 61＿＿＿＿光が目に届くため，空が 62＿＿＿＿見える。

○自然光と偏光

光は横波：振動方向は進行方向に対して 63＿＿＿＿

64＿＿＿＿光… 65＿＿＿＿＿＿方向に振動している横波の集まり　例：太陽光など

66＿＿＿＿　… 67＿＿＿＿の振動方向の光

- →偏光板：特定の振動方向の光だけを通すはたらき（サングラスなど）

自然光

円内の矢印のように，
自然光の振動はさまざまである。

・偏光板の利用

偏光板を使ったサングラス

:余分な光をとり除くのでまぶしさをおさえられる

カメラのレンズに偏光板をセット

:水面で反射した偏光をさえぎる

→水中を観察できる

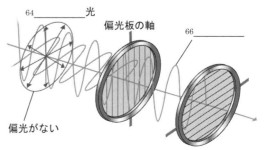

64＿＿＿＿光

偏光板の軸

66＿＿＿＿

偏光がない

○波の 68_____

　2枚の板のすき間に水の波を通すと，板の後ろ側へ 69_____ように進む

　　→すき間の幅が波の 38_____に近づくと著しくなる

　　→光でも同様に 68_____する

○波の干渉

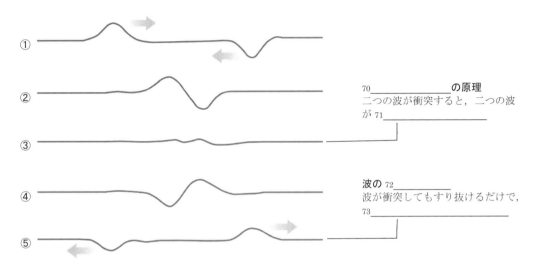

①

②

70_____の原理
二つの波が衝突すると，二つの波
が 71_____

③

④

波の 72_____
波が衝突してもすり抜けるだけで，
73_____

⑤

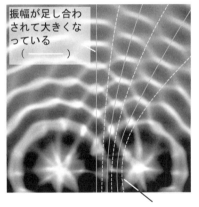

振幅が足し合わ
されて大きくな
っている
（────）

波がうち消されている(--------)

74_____

波と波が重なり合い，強め合ったり弱め
合ったりして見られる現象

　　→できる縞模様：干渉縞

●Memo●

○光の干渉

　光も波であるため, 74_____する

・ヤングの実験…光でも干渉縞ができることを実験で示した

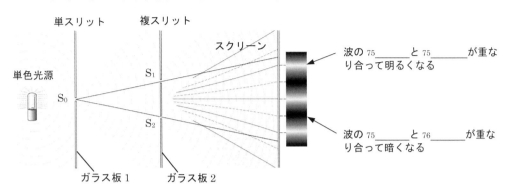

波の 75_____と 75_____が重なり合って明るくなる

波の 75_____と 76_____が重なり合って暗くなる

・シャボン玉の膜による光の干渉

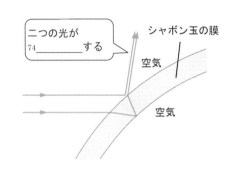

二つの光が 74_____する

膜の外側で 6_____する光と内側で 6_____する光が 74_____する

　膜の厚さが変化する

　　→強め合う色と弱め合う色の波長が変わる

　　→色づいた部分が動いているように観察できる

●Memo●

さまざまな光

○電磁波

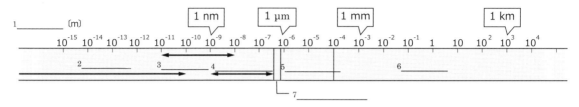

7＿＿＿＿＿＿＿：ヒトの眼で見ることのできる光

○赤外線の性質と利用

赤よりも 8＿＿＿＿＿波長領域の光

利用

・テレビや空調機のリモコン

・自動ドア（ヒトから 9＿＿＿＿＿される赤外線を感知）

・サーモグラフィー画像

・暖房機器

○紫外線の性質と応用

紫よりも 10＿＿＿＿＿波長領域の光

可視光線や赤外線と比べて 11＿＿＿＿＿＿エネルギーをもつ

ヒトは，太陽光に含まれる紫外線を浴びることで，12＿＿＿＿＿＿＿を合成している

紫外線を浴びすぎると日焼けしたり，皮膚細胞の 13＿＿＿＿＿が傷ついたりする

利用

・殺菌灯

・紙幣の偽造防止（紫外線を照射すると蛍光物質が発光する）

●Memo●

○電波の利用

赤外線よりも 8_____波長領域の光

14_____しやすい

15_____まで伝達できる

利用
・テレビやラジオの放送
・携帯電話などの通信
・電子レンジ
・非接触型 IC カード

○X線やγ線の利用

紫外線よりも 10_____波長領域の光

X線の利用
・X線写真
・手荷物検査
・文化財の研究
→非破壊検査

γ線の利用
・注射器や手術用糸の滅菌処理
・ジャガイモの発芽防止
・作物の品種改良

●Memo●

Check

□**1** 自ら光を出す物体を何というか。

□**2** 鏡を使うと自分の顔を見ることができる。このときの光の進み方は，何という法則にしたがうか。

□**3** 光が空気中から水中へ進むとき，その境界面で光の向きが変化する。このように光が二つの物質の境界面で曲がる現象を何というか。

□**4** 凸レンズの光軸に平行な光線が集まる点を何というか。また，レンズの中心からこの点までの距離を何というか。

□**5** 光が集まってスクリーン上にうつし出された像を何というか。

□**6** 物体を凸レンズの焦点の外側に置いた場合にできる像は実像か，虚像か。

□**7** 波において，振動の中心線までの変位を何というか。

□**8** 波において，隣り合う山と山の間の距離を何というか。

□**9** 太陽や電灯の光をプリズムに通すと，光は赤色から紫色までの光に分かれる。この現象を光の何というか。

□**10** 同じ明るさの，赤，緑，青の光を重ねると，何色に見えるか。

□**11** 光が，その波長と同程度以下の大きさの粒子に当たると，一部が粒子を中心に広がって進む。この現象を何というか。

□**12** 偏光板を通して特定の振動方向だけとなった光を何というか。

□**13** 2 枚の板のすき間に水の波を通すと，通り抜けた波が板の後ろ側へ回り込む現象を波の何というか。

□**14** 振幅がいずれも 1cm の二つの波があり，それぞれの山と谷が衝突したとき，二つの波が重なってできた波の変位はいくらになるか。

□**15** 波が重なって振動を強め合ったり，弱め合ったりする現象を波の何というか。

□**16** 人間の眼で見ることのできる光を何というか。

□**17** 赤色の光より波長が少し長くて，人間の眼で見ることができない光を何というか。

□**18** 紫色の光より波長が少し短くて，人間の眼で見ることができない光を何というか。

□**19** 次のものは，何を利用しているものか。電波，赤外線，紫外線，X 線，γ 線のうちから選んで答えよ。

(1) 手荷物検査

(2) 殺菌灯

(3) 電子レンジ

(4) 品種改良

1 _____

2 _____

3 _____

4 _____
_____

5 _____

6 _____

7 _____

8 _____

9 _____

10 _____

11 _____

12 _____

13 _____

14 _____

15 _____

16 _____

17 _____

18 _____

19 _____

(1) _____

(2) _____

(3) _____

(4) _____

確認問題

1 次の文の下線部が正しければ○，誤っている場合には正しい語句を答えよ。

(1) 光の速さは真空中で 3.0×10^8 m/s であり，音よりもはるかに<u>遅い</u>。

(2) 右の図のように，光が媒質1から媒質2に進むとき，θで表された角のことを，<u>屈折角</u>という。

(3) 右の図において，媒質1に対する媒質2の相対屈折率は，<u>0.75</u>である。

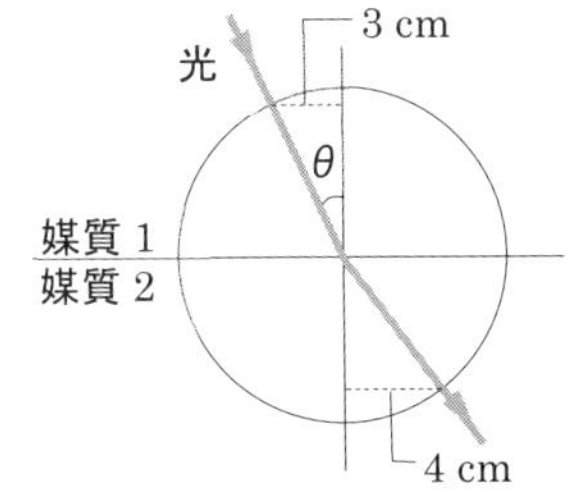

2 次の(1)・(2)のように，それぞれ凸レンズとろうそくを置いたときにできる像を作図せよ。ただし，図の F_1，F_2 は凸レンズの焦点である。また，(1)では実像，(2)では虚像を作図すること。

(1)

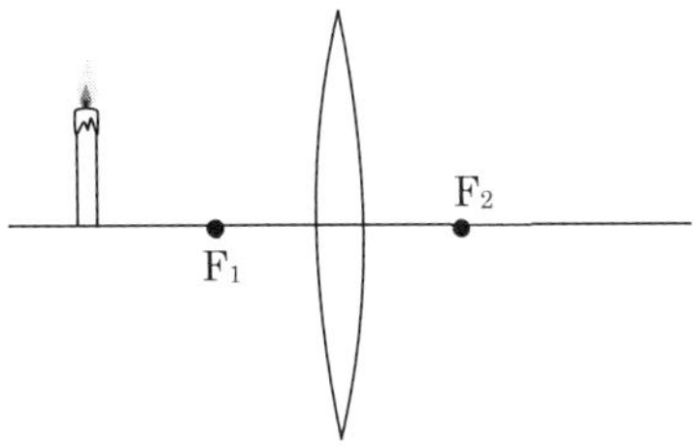

(2)

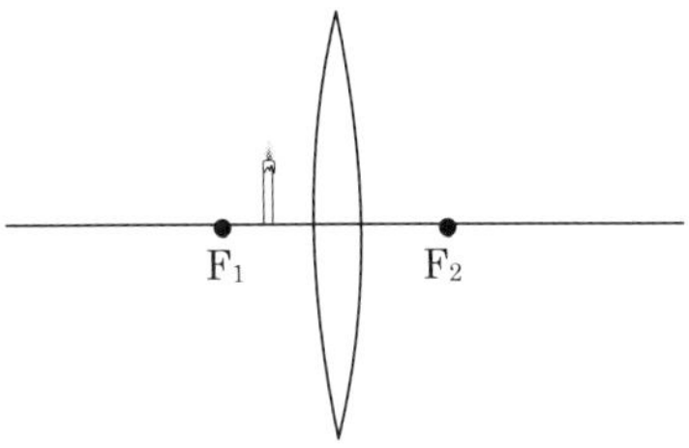

3 次のものを，波長の長いものから順に記号で答えよ。

　ア　X線　　イ　紫外線　　ウ　緑色の可視光線　　エ　赤外線

　オ　紫色の可視光線　　カ　赤色の可視光線　　キ　γ線　　ク　電波

4 次の各文の下線部が正しければ○，誤っている場合には正しい語句を答えよ。

(1) 建物の陰や建物内でもテレビの電波を受信できるのは，波が<u>干渉</u>をするためである。

(2) カメラのレンズに偏光板をセットすると，水面で反射した<u>偏光</u>をさえぎるため，水中のようすを写すことができる。

(3) 電磁波にはいろいろな種類のものがあり，さまざまな用途に使われている。例えば，ラジオや衛星放送などには電波が使われているが，ジャガイモの発芽防止や植物の品種改良には<u>紫外線</u>が使われている。

---

1 _____

(1) _____

(2) _____

(3) _____

_____

_____

_____

_____

_____

_____

2 _____

_____

_____

_____

_____

3 _____

　→　　　→　　　→

→　　→　　→　　→

_____

_____

4 _____

(1) _____

(2) _____

(3) _____

_____

_____

_____

_____

_____

●Memo●

●Memo●

検印欄

太陽系の天体

太陽系…1＿＿＿＿＿＿の一つである太陽を中心とした天
　　　体の集団

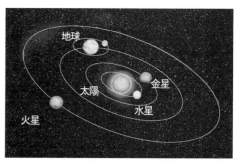

○太陽系の天体

…太陽とたがいに2＿＿＿＿＿＿で引き合うことで，太
陽のまわりを一定の周期で3＿＿＿＿＿＿している

・4＿＿＿＿＿＿：8個ある

・5＿＿＿＿＿＿：惑星のまわりを公転している

・6＿＿＿＿＿＿＿：最大でも直径 1000km の小天体
　　　　　　大部分は火星軌道と木星軌道のあいだに存在

・7＿＿＿＿＿＿＿＿＿＿：海王星軌道の外側に存在
　　　　　約 2 万 au までにある氷を主成分とする小天体
　　　　　冥王星：最大級の太陽系外縁天体

・8＿＿＿＿＿＿＿＿＿＿＿：太陽系外縁天体の外側の 10 万
au くらいまでの空間に存在すると考えられて
いる小天体群

・9＿＿＿＿＿＿：太陽系外縁部から太陽系内部に落ちて
きた小天体
　　　太陽熱を受けて氷などの物質が蒸発して流さ
れ，尾を引いたようになる

・流星のもととなる細かな塵

・星間ガス：水素原子など

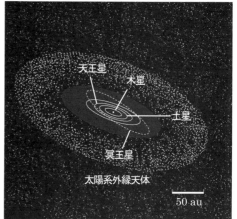

太陽系外縁天体

50 au

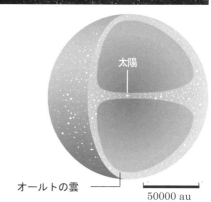

太陽

オールトの雲

50000 au

惑星の特徴

…大きさや内部構造の違いから，大きく二つのグループに分類できる

	10＿＿＿＿＿＿惑星	11＿＿＿＿＿＿惑星
惑星	水星，金星，地球，火星	木星，土星，天王星，海王星
特徴	12＿＿＿＿＿＿の核と岩石質の表面をもつ 比較的小さい	表面が水素やヘリウムの 13＿＿＿＿＿＿でおおわれている 大きい

●太陽の動きと季節

14＿＿＿＿＿＿＿＿＿

　…地上から空を見ると，天球が1日に1回転し，天球上の多くの天体が
　　15＿＿＿＿からのぼって　16＿＿＿＿に沈むように見える

　　地球が自転していることによる

・自転と公転

　　地球は，1回 17＿＿＿＿＿＿＿するあいだに

　　約1° 18＿＿＿＿＿＿＿する

　　19＿＿＿＿＿＿の南中から次の南中までの時間は24時間

　　1＿＿＿＿＿＿が南中してから次に南中するまでの時間は

　　23時間56分4秒

　　→恒星と太陽の位置関係が少しずつ変化する

　　→1年後にもとに戻る

1回自転しただけでは
1日にはならない

17＿＿＿＿＿＿
遠方の恒星
18＿＿＿＿＿＿
太陽
地球

太陽の南中高度…1年をかけて変化する

　　（地球の 20＿＿＿＿＿＿＿＿が傾いているため）

　　→太陽光からの受熱量も変化する　→自然現象に季節変化が生じる

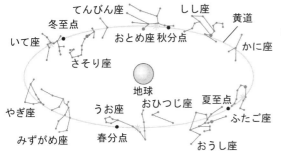

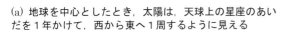

(a) 地球を中心としたとき，太陽は，天球上の星座のあいだを1年かけて，西から東へ1周するように見える

(b) 太陽を中心としたとき，地球は太陽のまわりを1年かけて 18＿＿＿＿＿＿しているので，太陽と反対側にある星座が1年をかけて移りかわるように見える

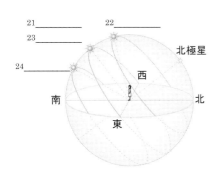

21＿＿＿＿＿＿
22＿＿＿＿＿＿
23＿＿＿＿＿＿
24＿＿＿＿＿＿
北極星
西
南　　　　北
東

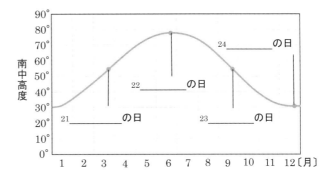

南中高度

24＿＿＿＿＿＿の日
22＿＿＿＿＿＿の日
21＿＿＿＿＿＿の日
23＿＿＿＿＿＿の日

〔月〕

新月 ▶ ▶ 上弦 ▶ ▶ 満月 ▶ ▶ 下弦 ▶ ▶ 新月

月の満ち欠け

月に，太陽の光が当たって反射するようすを地球から見ることによって生じる

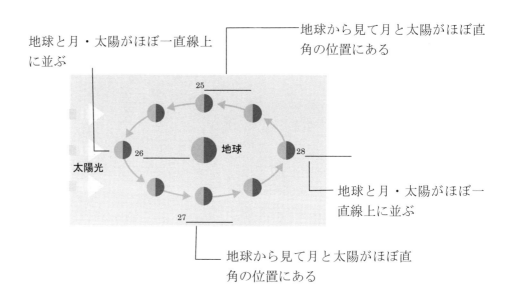

地球と月・太陽がほぼ一直線上に並ぶ

地球から見て月と太陽がほぼ直角の位置にある

太陽光

25＿＿＿＿＿＿

26＿＿＿＿＿＿ 地球 28＿＿＿＿＿＿

地球と月・太陽がほぼ一直線上に並ぶ

27＿＿＿＿＿＿

地球から見て月と太陽がほぼ直角の位置にある

○時間と暦

1 日（24 時間）の長さ…19＿＿＿＿＿＿の出没の周期

1 年…太陽の 29＿＿＿＿＿＿＿の変化

　→昼間の長さ，気温，生物の成長などの自然現象が変化する

1 年は 1 日のちょうど 365 倍ではない

　→1 年の日数を固定するとしだいに季節がずれる

　→30＿＿＿＿＿＿が設けられた　…31＿＿＿＿＿（現在は，ほぼすべての国で採用）

32＿＿＿＿は約 29.53 日で満ち欠けをくり返す

　→1 月の長さが 29 日または 30 日と決められた

　→1 年を 12 か月に固定すると，365 日よりかなり短い

　→数年に 1 度，うるう月が入れられた

　　…33＿＿＿＿＿＿＿（日本では 1872 年まで使用）

1＿＿＿＿＿…海面が昇降をくり返す現象

3＿＿＿＿＿＿
水際が陸の方に進む →

2＿＿＿＿＿　　　　　　　　　　　　　　　　　　　　4＿＿＿＿＿
…海面が下がりきった状態　　　　　　　　　　　…海面が上がりきった状態

← 5＿＿＿＿＿＿
水際が沖の方に退く

・遠浅の海岸ほど干潮時の水際と満潮時の水際の距離が大きい

　　→広大な干潟

・6＿＿＿＿＿＿…潮の干満に伴う海面の高さの差

　　→日本では 7＿＿＿＿＿側で大きく，8＿＿＿＿＿側で小さい傾向

干潮や満潮…1 日に 9＿＿＿回程度起こる

　→約半日周期で海面の昇降運動が生じている

　　満潮時や干潮時の水位は，つねに一定とはいえない

　→周期は約 10＿＿＿＿月で一定

　　　→11＿＿＿＿＿ : 潮位差が大きいとき（12＿＿＿＿＿，13＿＿＿＿＿のとき : 地球
　　　と月・太陽が一直線に並ぶ)

　　　14＿＿＿＿＿ : 潮位差が小さいとき

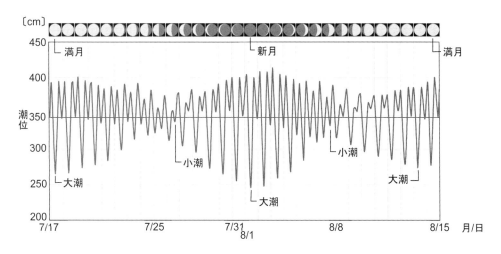

潮汐のしくみ

15＿＿＿＿＿＿＿＿…潮汐を引き起こす力

→おもに 16＿＿＿＿＿の引力によって生じる

月に面した側へ海水が引きよせられて海面がふくらむ

月と反対側でも海面がふくらむ

↕

月に対して直交する方向にある海面はへこむ

17＿＿＿＿＿＿の引力による起潮力…月のおよそ半分

大潮（新月と満月の頃）

→月と太陽の起潮力が 18＿＿＿＿＿＿＿＿

→潮位差が 19＿＿＿＿＿＿＿なる

14＿＿＿＿＿＿（上弦と下弦の頃）

→月の起潮力を太陽の起潮力が 20＿＿＿＿＿＿＿

→潮位差が 21＿＿＿＿＿＿＿なる

月の引力による起潮力

起潮力は，海面を引き伸ばすようにはたらく

干潮と満潮

干潮

満潮

満潮

干潮

大潮

太陽

月

地球

小潮

太陽

月

地球

←　太陽の起潮力

←　月の起潮力

潮流

起潮力が時間とともに変化

→海水が流れる：22＿＿＿＿＿＿

・海水には粘性や海底との摩擦があるため，力の変化に対してすぐには反応できない

→月の南中時やその半日後にちょうど満潮になるとは限らない

・海岸線の形や海底地形によって潮流は大きく影響を受ける

→実際の海水の流れの向きや速さは複雑

●Memo●

検印欄

太陽のすがた

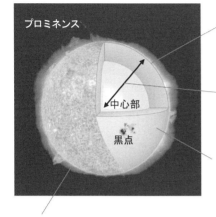

プロミネンス

中心部

黒点

1_____：光球の外側にある赤
色の薄い層

半径：約2_____km

（地球のおよそ 109 倍）

3_____：表面温度は約4_____K

5_____：彩層のまわりをとりまいている
約 200 万 K で高温

6_____で光球が完全に隠される
と観察できる

中心部では 7_____が起こっ
ている

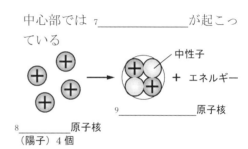

中性子
＋ エネルギー

8_____原子核
（陽子）4 個

9_____原子核

・発生したエネルギーは，10_____として，光球から宇宙空間に放射さ
れている

→ 一部は地球にも届いて，さまざまな現象を引き起こす原因の一つとなって
いる

・11_____…光球より少し温度が低く，黒っぽく見える

光球面をしだいに移動していく

→太陽が 12_____しているため

自転周期は 25～30 日程度，緯度によって異なる

（かたい表面をもたないガス体だから）

多い時期と少ない時期があることが知られている。

→太陽の 13_____がつねに変化しているためと考えられている

太陽と地球

可視光線

紫外線

赤外線

荷電粒子（電気を帯びた粒子）：14＿＿＿＿＿＿＿＿とよばれる

X線

・太陽活動が活発な時期

15＿＿＿＿＿＿＿＿とよばれる爆発現象が発生する

→ 16＿＿＿＿＿＿＿の放射 …約8分で地球に達し，無線通信に障害をもたらすことがある

太陽風が活発化…数日後に地球付近に達し，地球の磁気を乱す（17＿＿＿＿＿＿＿＿）

荷電粒子が大気圏上空に侵入すると 18＿＿＿＿＿＿＿＿を発生させる

太陽の光

19＿＿＿＿＿＿＿＿…太陽から放射される 20＿＿＿＿＿＿＿

地球軌道付近で太陽光線に垂直な面 1 m² あたり 1 秒間につき約 1.37 kJ

10＿＿＿＿＿＿＿＿の領域が最も強い

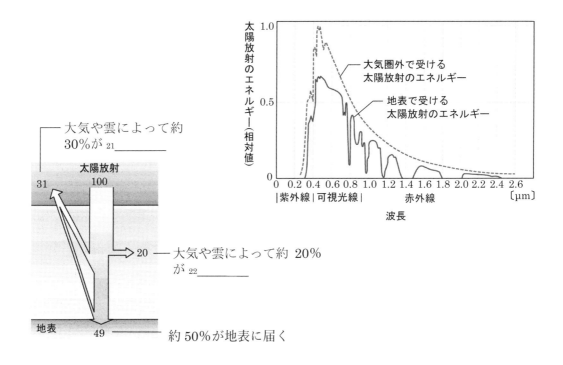

◗ 大気の温室効果と地表の気温

・大気と地表は，19_____エネルギーを吸収して暖められる

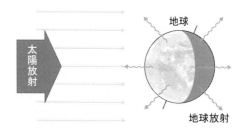

・その温度に見合う量のエネルギーを 23_____として宇宙に放射する（24_____）

・太陽放射と地球放射が 25_____

→大気や地表の温度が決まる

地球に大気がないと仮定

（26_____がない）

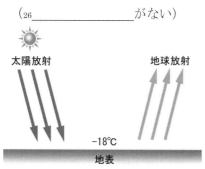

地表の平均気温は－18℃

実際

（26_____がある）

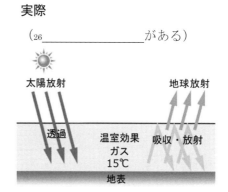

地表の平均気温は約 15℃

地表から放射された 23_____の大部分は，26_____に吸収され，大気を暖める

→暖められた大気から 23_____が放射され，地表の温度が上昇する：27_____

◗ 地球温暖化

大気中の 26_____が増える

↓

大気に吸収される 23_____が増える

↓

大気の平均気温が上昇する

↓

地表の平均気温も上昇する

> *Note*
>
> **化石燃料**
>
> 石炭，石油，天然ガスなど
>
> 分解されなかった生物の遺体などが
> 長い年月をかけて変化したもの

・最大の要因：28_____を燃焼させることによって放出された 29_____だと考えられている

111

●生命の星・地球

・生命が存在する条件

30＿＿＿＿＿の水　…地球の表面温度が水を 30＿＿＿＿＿ に保てる範囲内にある

地球の 31＿＿＿＿＿ や 32＿＿＿＿＿ が，大気や水を表面に引きつけておくのに
適した強さの 33＿＿＿＿＿ を生み出している

表面温度の変化が一定範囲内におさえられている

（地球の表面積の約7割が海であること，自転周期が約24時間であることなどによる）

・34＿＿＿＿＿＿＿＿＿＿…恒星のまわりの宇宙空間で，惑星の表面温度が，液体の水を維持
できる範囲

●太陽の位置による太陽放射のエネルギーの変化

太陽の方角や高度… 35＿＿＿＿＿＿＿によりつねに変化する

　→太陽光発電のパネルは，最も効率よく太陽光が当たるように調整して設置されている

●緯度によって異なるエネルギー収支

太陽放射のエネルギー量は，緯度により大きく異なる

　高緯度地方… 36＿＿＿＿＿

　低緯度地方… 37＿＿＿＿＿

地球放射のエネルギー量は，緯度による差が小さい

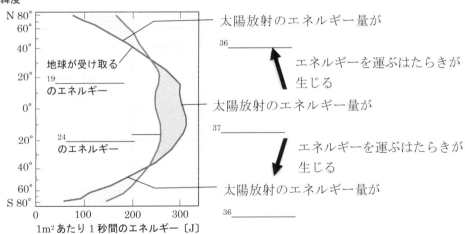

緯度

太陽放射のエネルギー量が
36＿＿＿＿＿
エネルギーを運ぶはたらきが
生じる

太陽放射のエネルギー量が
37＿＿＿＿＿
エネルギーを運ぶはたらきが
生じる

太陽放射のエネルギー量が
36＿＿＿＿＿

大気と海洋の大循環

・38_____緯度から 39_____緯度地方へエネルギーを運ぶはたらき

　大気…40_____の影響を受けて循環する

　　　低緯度地方の地上…41_____

　　　中緯度地方の地上…42_____

　海流…貿易風や偏西風がおもな原動力

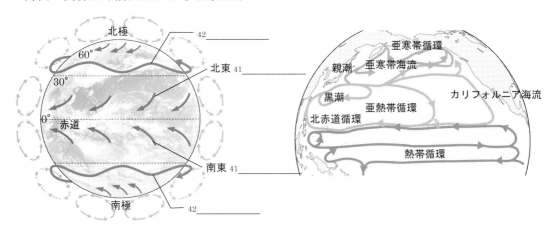

上空の風

上空の大気のようす

…気球，気象衛星，レーダーによって観測されている

偏西風の蛇行…温帯低気圧や高気圧の発生に関与

43_____：高度十数 km 付近のとくに強い風

　　　　　　　　冬季には 100 m/s に達することもある

　　　　　　　　→飛行機はジェット気流の影響を強く受ける

水の循環

太陽からのエネルギー

・低緯度地方と高緯度地方の温度差の緩和

・水を蒸発させて雲をつくり，44_____をもたらす

・植物が 45_____を行う際の光のエネルギー

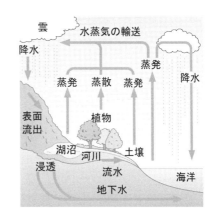

113

日本の気象

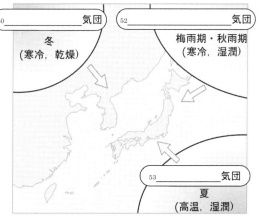

46＿＿＿＿＿…47＿＿＿＿＿や48＿＿＿＿＿がほぼ均質な,
　　　　　高気圧性の大気

気団から吹き出す風…49＿＿＿＿＿とともに変化し,
気象に大きく影響する

上空の 42＿＿＿＿＿…天気の変化が西から東に向か
って進んでいくことが多い

（図内ラベル）
50＿＿＿＿＿＿＿気団　　52＿＿＿＿＿＿＿気団
冬（寒冷, 乾燥）　　梅雨期・秋雨期（寒冷, 湿潤）
53＿＿＿＿＿＿＿気団
夏（高温, 湿潤）

○冬

　低温で乾燥した 50＿＿＿＿＿＿気団が形成される

　51＿＿＿＿＿＿の気圧配置

（天気図内の数値）
高 1032　低 986　低 986　低 988
高 1036　高 1034　1000　1020

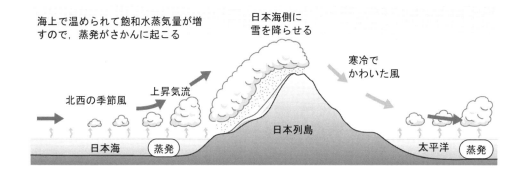

海上で温められて飽和水蒸気量が増
すので, 蒸発がさかんに起こる

日本海側に
雪を降らせる

寒冷で
かわいた風

北西の季節風　　上昇気流　　日本列島

日本海　蒸発　　　　　　　　　太平洋　蒸発

○春

　大陸南部に低気圧や高気圧が発生

　　→42＿＿＿＿＿に流されて日本付近を通過する

　低気圧からは, 東方に温暖前線, 西方に寒冷前線が延びる

　　→南方から暖気, 北方から寒気が流れ込む

　　→天気や気温が 54＿＿＿＿＿に変化する（三寒四温）

○梅雨

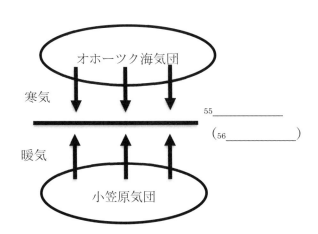

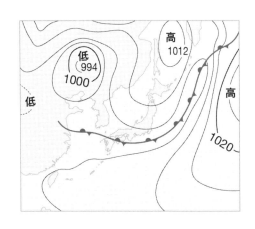

オホーツク海気団

寒気

55＿＿＿＿＿＿＿

（56＿＿＿＿＿＿＿）

暖気

小笠原気団

・前線付近では長期にわたって雨が降り続く

・前線に向かって 57＿＿＿＿＿＿＿空気が流れ込み，短時間に大雨が降ることもある

○夏

53＿＿＿＿＿＿＿気団の高気圧におおわれる

晴天が続き，気温が上昇する

強い日射を受けて大気の状態が不安定になる

　→ときには激しい雷雨や竜巻などの突風に見舞われることもある

○秋

春と同様，58＿＿＿＿＿＿＿に天気が変化することが多い

しばらく長雨が続くこともある

・台風

西太平洋の低緯度海域で 59＿＿＿＿＿＿＿＿＿が発生

　→発達して 60＿＿＿＿＿＿となる

　→北上して日本に来襲する

まわりを吹く湿った風により，秋雨前線が刺激されて
大雨が降ることがある

海が荒れることもある

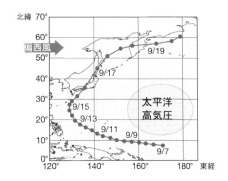

◖◗気象災害

○台風

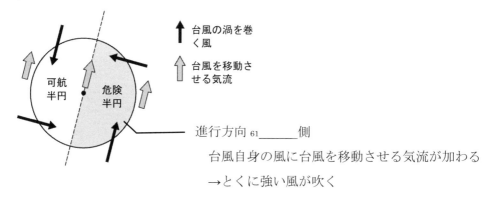

台風の渦を巻く風

台風を移動させる気流

進行方向 61_____側

台風自身の風に台風を移動させる気流が加わる

→とくに強い風が吹く

・62_____…建造物の破壊

　　　　　　山林・農作物への被害

・大量の降雨…洪水，63_____の誘発

・64_____（強い風と低い気圧によりもたらされる）…浸水被害

　→接近情報に注意を払い，早めに準備することが大切

○集中豪雨

　数時間にわたって数十 mm/h 以上の激しさで雨が降る

　・65_____に冠水被害

　・66_____や 67_____（雨がやんだあとでも）

　　→地域の実情に合わせて個々に予報を行うのはむずかしい

　　（地域の地形や地盤条件などが大きくかかわるため）

　　→68_____などを利用して地域の災害の特徴を理解する

　　→安全な場所へ早く避難できるよう，地域全体で準備をととのえておく

防災気象情報の区分

警戒レベル	気象庁等の情報の例	住民がとるべき行動
5	・大雨特別警報 ・氾濫発生情報	命の危険・直ちに安全確保
〜〜〈警戒レベル4までに必ず避難！〉〜〜		
4	・土砂災害警戒情報 ・氾濫危険情報	危険な場所から全員避難
3	・大雨警報 ・洪水警報 ・氾濫警戒情報	危険な場所から高齢者等は避難
2	・氾濫注意情報 ・大雨注意報 ・洪水注意報	自らの避難行動を確認
1	・早期警戒情報	災害への心構えを高める

○豪雪

- 交通障害，建物の倒壊，集落の孤立，落雪被害
- 除雪に伴う二次災害

  暴風雪…暴風を伴う：視界が遮られて非常に危険

○冷害・干ばつ

69＿＿＿＿＿＿＿

…天候不順による日照不足，低温によって農作物に被害が出ること

70＿＿＿＿＿＿＿＿・71＿＿＿＿＿＿＿

  …梅雨期や台風・秋雨期の降水量や冬季の積雪量が少なかったときに晴天が
    続くと起こりやすい

  →主要作物の生育期に水不足が起こると，農業地帯では深刻な問題となる
    都市部では，生活・産業用水の不足

気象の恵みと人間生活

豊富な水

  海上を渡ってきた風は，多量の 72＿＿＿＿＿＿＿＿を含む

  →山地を越える際に 73＿＿＿＿＿＿＿をもたらす

    → 74＿＿＿＿＿＿＿の供給源として重要

- 山地の豊かな森林を育てる
- 河川水や地下水となって平野をうるおす

  →日本では，農耕を基盤とした社会と文化が成立して発展した

  →19 世紀以後には，近代産業が成立してきた

●Memo●

Check

□**1**　太陽のように自ら光を放って輝く星は何とよばれるか。

1 _____

□**2**　1の周囲を公転する比較的大きな天体は何とよばれるか。

2 _____

□**3**　地球と太陽の平均距離を1とする単位は何か。

3 _____

□**4**　日本で，1年で太陽の南中高度が最も高くなる日はいつか。また，最も低くなる日はいつか。

4 _____

_____

□**5**　現在用いられている，太陽の出没の周期に合わせて決められた暦を何というか。

5 _____

□**6**　月の満ち欠けを基準にして，うるう月を入れて調節した暦は何とよばれているか。

6 _____

□**7**　海面が，約半日周期で昇降をくり返す現象を何というか。

7 _____

□**8**　7を引き起こす力を何というか。

8 _____

□**9**　大潮になるのは，満月・新月の頃か，上弦・下弦の頃か。

9 _____

□**10**　明るく輝いて見える，太陽の表層のガス体を何とよぶか。

10 _____

□**11**　10の表面に見られ，周囲より低温で暗く見える部分は何か。

11 _____

□**12**　太陽でフレア現象が起こったとき，地球に発生する現象を二つ書け。

12 _____

_____

□**13**　太陽放射のエネルギーは，どの領域で最大となっているか。

13 _____

□**14**　地球の表面や大気から放射されている地球放射の電磁波は何か。

14 _____

□**15**　地球温暖化の要因と考えられている気体の名称を答えよ。

15 _____

□**16**　惑星の表面温度が液体の水を維持できる範囲を何とよぶか。

16 _____

□**17**　地球が受け取る太陽放射のエネルギーは，高緯度地方と低緯度地方のどちらが多いか。

17 _____

□**18**　低緯度地方から高緯度地方へエネルギーを運ぶはたらきをもつものを二つ答えよ。

18 _____

_____

□**19**　中緯度地方の地上で吹く，おもに西から東へ向かう風を何とよぶか。

19 _____

□**20**　温度や湿度がほぼ均質な，高気圧性の大気を何とよぶか。

20 _____

□**21**　冬に特徴的な気圧配置を何というか。

21 _____

□**22**　夏の日本に影響する20の名称を答えよ。

22 _____

□**23**　オホーツク海気団と22の間に形成される前線名を答えよ。

23 _____

□**24**　台風では，中心から進行方向に対して右側と左側のいずれの側で風が強いか。

24 _____

□**25**　梅雨の末期に起こりやすい気象災害は何か。

25 _____

□**26**　暴風を伴った豪雪を何というか。

26 _____

確認問題

1 次の各文のそれぞれの下線部について，正しい場合は○を，誤っている場合には正しい語句を記せ。

(1) 地球のₐ自転によって，1年の周期で同じ時刻に見える恒星が東から西へ移動することをₐ日周運動という。

(2) 潮汐はおもにₐ太陽の引力によって生じる。新月と満月の頃には，月と太陽の起潮力が強め合って，潮位差がₐ小さくなり，ₐ小潮となる。

(3) 太陽の中心部では，水素のₐ燃焼によって莫大なエネルギーが発生し，ₐヘリウムが生成されている。

(4) 太陽表面でₐフレアが発生すると，強いX線や紫外線，太陽風が放出され，地球に到達すると，地球の磁気を乱すₐ磁気嵐や，高緯度地域ではₐ流星群などの発光現象が見られる。

(5) 太陽放射において最もエネルギー割合が多いのはₐ紫外線である。

2 次の図は，年間を通じて地球が吸収する太陽放射と地球放射の緯度分布を示した模式図である。

(1) 地球放射において，最もエネルギー割合が多いのは，紫外線，可視光線，赤外線のうちどれか。

(2) ア，イはそれぞれ太陽放射と地球放射のどちらを示しているか答えよ。

(3) エネルギーが過剰になっている部分を示すのは，a，bのどちらか。

(4) 地球規模のエネルギー輸送を担っているものを二つ答えよ。

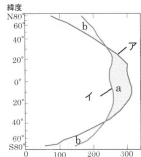

1m²あたり1秒間のエネルギー

3 下の天気図は，日本の春・秋，夏，冬，梅雨期のいずれかの季節を表している。

 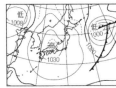 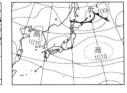 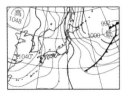

(1) Aの季節のときに発達している気団の名称を答えよ。また，東西に走る前線の名称を答えよ。

(2) 夏の天気図をA〜Dから一つ選べ。また，このときに発達する気団の名称を答えよ。

(3) 冬の天気図をA〜Dから一つ選べ。また，このときの気圧配置を何というか。

1

(1)ア _____
　イ _____

(2)ア _____
　イ _____
　ウ _____

(3)ア _____
　イ _____

(4)ア _____
　イ _____
　ウ _____

(5)ア _____

2

(1) _____

(2)ア _____
　イ _____

(3) _____

(4) _____
_____
_____
_____

3

(1)気団 _____
前線 _____

(2)記号 _____
気団 _____

(3)記号 _____
気圧配置 _____

119

5−2　 身近な景観のなりたち　p168〜171　　月　　日

身のまわりの景観

さまざまな自然景観をつくる要因

・地球内部のはたらき

・大気・海洋のはたらき

より生活のしやすい土地をさがしてすむ

→自然からの 1_____ を多く得られる場所

　　自然から受ける 2_____ の少ない安全な場所

　　　　　↓人口が増え，3_____ が拡大，多様化

　　それまで人がすんでいなかった新たな土地にも生活圏が広がった

山地の形成

日本列島の山

・地下深くで形成された 4_____ が上昇，噴出してできた火山

・過去のマグマの活動でつくられた 5_____ で構成されている山

・海底で形成された 6_____ で構成されている山

○褶曲と断層

　地層を両側から強く押したり引いたりしてできる

　　　→地層のかたさによって 7_____ となったり 8_____ と
　　　なったりする

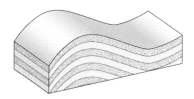

　これらの変化の積み重ねで，地層は全体としてしだいに 9_____ する

10_____

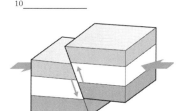

両側から 13_____ 力によって上下にずれる

11_____

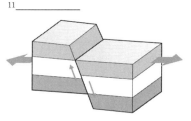

両側から 14_____ 力によって上下にずれる

12_____

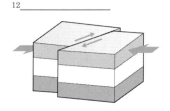

両側から押す力によって 15_____ にずれる

断層や褶曲の多くはつねに活動しているわけではない

　　→過去数万年以上続く場合もある

地殻変動は，16＿＿＿＿＿＿＿＿＿時間をかけてゆっくり起こる現象

● 平地の形成

起伏の多い急な地形は，しだいに起伏が小さくなだらかな地形へ変化していく

○17＿＿＿＿＿＿　…地表近くの岩石が細かくなる

・18＿＿＿＿＿＿に伴う膨張・収縮で破砕される

・雨や氷雪に長期間さらされる

・結氷や植物の根の成長で破砕される

・19＿＿＿＿＿＿によって水に溶けたり分解したりする

○20＿＿＿＿＿＿　…風化を受けてもろくなった岩石が，風や流水，氷河など

　　　　　　　　　によって削られる

日本列島の河川の 21＿＿＿＿＿部は傾斜が急で流れが速い

　→侵食作用が強くはたらく

　　→地層や岩盤が深く削られる

　　→22＿＿＿＿＿＿ができる

○23＿＿＿＿＿＿　…大小さまざまの粒子が流水や氷河，風などによって低い

　　　　　　　　　所へ運搬される

大規模な運搬作用

・24＿＿＿＿＿＿＿時に大きな岩塊まで運ばれる

・大雨のときに崖が崩れる

・25＿＿＿＿＿＿で地盤が一体となって下方へ移動する

○26＿＿＿＿＿＿　…河川の流れが緩やかになると，運ばれてきた粒子が堆積する

・27＿＿＿＿＿…山間部から平野への出口で土砂が堆積してつくられる

・28＿＿＿＿＿…河口付近で多量の砂が堆積してつくられる

・29＿＿＿＿＿や 30＿＿＿＿＿…沿岸流で砂が別の場所に運ばれてつくられる

・大地震などで海底で地すべりが発生し，土砂が深海底まで運ばれる

検印欄

プレートテクトニクス

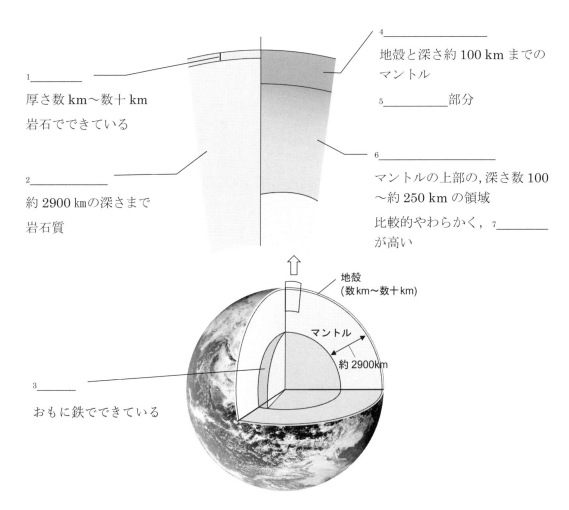

1_____
厚さ数 km～数十 km
岩石でできている

2_____
約 2900 km の深さまで
岩石質

4_____
地殻と深さ約 100 km までの
マントル

5_____部分

6_____
マントルの上部の, 深さ数 100
～約 250 km の領域
比較的やわらかく, 7_____
が高い

地殻
(数 km～数十 km)

マントル
約 2900km

3_____
おもに鉄でできている

・リソスフェア…十数枚にわかれて地球全体をおおっている

　→1 枚 1 枚を 8_____とよぶ

　　プレートどうしの境界：9_____

　　プレートは, アセノスフェアの上を, それぞれ異なった向きに年間数 cm
　　程度の速さで移動している

　　　→プレートの運動に伴ってさまざまな現象が生じるという考え

　　　：10_____

●Memo●

中央海嶺…海底の大山脈

海溝やトラフ…深い海底地形

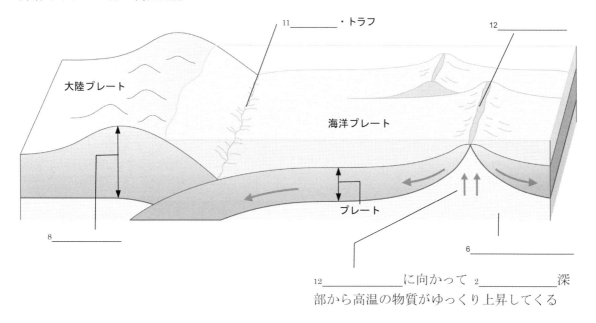

11_____・トラフ

12_____

大陸プレート

海洋プレート

プレート

8_____

6_____

12_____に向かって 2_____深
部から高温の物質がゆっくり上昇してくる

プレート境界と火山・地震

ユーラシアプレート
北アメリカ
プレート
アラビアプレート
フィリピン海
プレート
カリブプレート
太平洋プレート
アフリカ
プレート
インド・
オーストラリア
ココス
プレート
南アメリカ
プレート
南極
プレート
ナスカ
プレート
→ プレートの動く方向

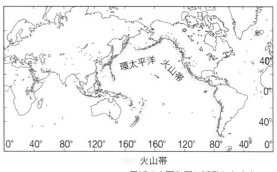

環太平洋火山帯

火山帯
・最近の1万年間に活動した火山

プレート境界付近

…プレートどうしの相対運動によって大きな
　力がはたらく

　→13_____活動や 14_____が活発

　深部から高温物質が上昇してくるところ
　プレートが沈み込む付近

　→15_____が発生して火山活動が活発

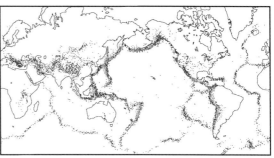

・深さ100kmより浅い地震
・深さ100kmより深い地震

125

日本列島付近のプレート

16＿＿＿＿＿＿＿＿＿

…海溝やトラフとほぼ平行するように大小さ
まざまな島が弓なりに連なっている

→日本列島…二つの島弧─海溝系がつながっ
たものと考えられている

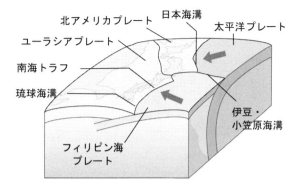

日本の火山活動

17＿＿＿＿＿＿ ：日本列島には 111 ある

…現在も活動中の火山

最近の約 1 万年間に活動した痕跡があり，い
つ活動を再開してもおかしくない火山

日本列島の火山は，海溝やトラフから少し大陸側
に離れたところから 18＿＿＿＿＿＿に，大きく東西二
つの系列にわかれて分布している

・19＿＿＿＿＿＿＿＿ （20＿＿＿＿＿＿）

…火山分布域の海溝側の限界

23＿＿＿＿＿＿＿＿
地下数 km で浮力を失っ
て一旦滞留する

沈み込んだプレートが深さ
100〜150 km に達する場所付
近に火山が出現する

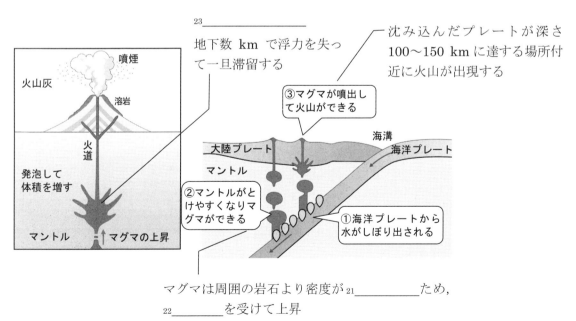

マグマは周囲の岩石より密度が 21＿＿＿＿＿ため，
22＿＿＿＿＿を受けて上昇

火山の形，噴火の様式とマグマの性質

・噴火

噴煙 …水蒸気をおもな成分とするガス成分の噴出

↓

マグマが火口に現れる

Note

高温で粘性が小さいマグマ

…流れ 24＿＿＿＿＿＿

低温で粘性の大きいマグマ

…流れ 25＿＿＿＿＿＿

マグマの粘性	火山の形・大きさ	特徴
26＿＿＿＿＿ ↕ 27＿＿＿＿＿	28＿＿＿＿＿火山　　0　100 km　　広くてなだらか	マグマが火口から連続的にあふれ出して溶岩流となり，これがくり返される
	29＿＿＿＿＿火山　　0　10 km	火口や山腹に火山噴出物が交互に積み重なる
	30＿＿＿＿＿＿＿　　0　1 km　　比較的狭い範囲にもりあがった形	内部の圧力が大きくなってはじめて上昇し，噴火が 31＿＿＿＿＿＿

・32＿＿＿＿＿＿＿＿…マグマの上昇途中や噴火直後にマグマが固結してできる

　33＿＿＿＿＿＿：上空の風によって数百 km 運ばれることもある

・34＿＿＿＿＿＿…噴出した 35＿＿＿＿＿＿が 33＿＿＿＿＿＿や 36＿＿＿＿を巻き上げ，
　　　　　　　斜面を高速で流下する
　　　　　　　非常に危険

●Memo●

日本の地震活動

地震…プレート運動などに伴う強い力によって地下の岩盤が変形して 37_____
　　　____が蓄積し，限界を越えたときに破壊して，揺れが 38_____とな
って伝わっていく現象

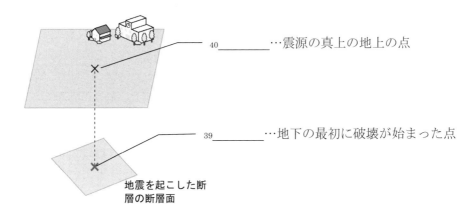

40_____…震源の真上の地上の点

39_____…地下の最初に破壊が始まった点

地震を起こした断
層の断層面

・9_____地震…海洋プレートが沈み込む 41_____で発生する

プレート境界面に大きな力が加わり，陸側のプレートが徐々に引きずり込まれる

　　↓

ひずみが限界を越えると陸側のプレートがはね上がり，巨大地震が発生する

例：東北地方太平洋沖地震（2011 年）→東日本大震災

・内陸の地殻内地震，海洋プレート内地震（スラブ内地震）

プレート運動によって 42_____に
ひずみが蓄積する

　　↓

ひずみが限界を越えると断層がずれ動いて地
震が発生する

人間の生活圏に近いところで発生すると大き
な被害をもたらすことがある

例：兵庫県南部地震（1995 年）

　　→阪神・淡路大震災

熊本地震（2016 年）

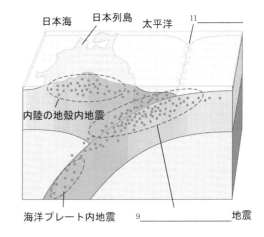

日本海　日本列島　太平洋　11_____

内陸の地殻内地震

海洋プレート内地震　9_____地震

●Memo●

・43＿＿＿＿＿＿…過去数十万年のあいだにずれ動いた痕跡がある断層

44＿＿＿＿＿＿地形からその存在が認められることが多い

→一度ずれた断層は強度が弱いため，再びずれやすくなる

→将来も活動する危険性がある

・45＿＿＿＿＿…大きな地震のあと，その地域の地下の岩盤が不安定になるため，
数か月から数年にわたって地震が続く

●地震の規模　…放出された 46＿＿＿＿＿＿＿の大きさ

47＿＿＿＿＿＿＿＿（M）で表される　　$M\,8$ を越える地震は巨大地震とよばれる

1 大きくなるとエネルギーは約 32 倍

$\sqrt{1000}$

2 大きくなるとエネルギーは 48＿＿＿＿倍

・地震動…地震波によって地面が揺れる

49＿＿＿＿…地震動の激しさ

0 から 7 までの 50＿＿＿段階（5 と 6 はそれぞれ弱と強がある）

・マグニチュードが大きくても，震央から離れると震度は小さくなる

・マグニチュードが小さくても，震央に近いと震度は大きくなる

地震動は地盤の違いに大きく左右される

→地盤が軟弱なほど大きくゆっくりした揺れが長く続く

●津波

・51＿＿＿＿は，波というより海面の段差が押しよせてくるようなもの

・高さ数十 cm でも大人や車が流されてしまうほどの威力がある

・火山が崩壊して海に流れ込んだり，海底火山の噴火，海底地すべりなどが起きたりしても津波が発生することがある

●Memo●

129

5－2 ③ 自然の恵みと自然災害 p.178～185　　月　　日

さまざまな自然災害

○火山災害

・1＿＿＿＿＿＿＿＿によって植物が枯死する

・強い酸性の水によって河川や湖沼の生物に悪影響を及ぼす

　雲仙・普賢岳（1991年）：大規模な 2＿＿＿＿＿＿

　御嶽山（2014年）：顕著な前兆が観測されないまま噴火

　　→数十名の犠牲者を出した

・山体が崩壊

　北海道駒ケ岳（1640年）

　磐梯山（1888年）

　　→流下した土砂によりふもとに多くの湖沼が誕生した

・地球規模の環境変化

・周辺にすむ生物の絶滅

○地震災害

・強い地震動による建物や構造物の 3＿＿＿＿＿＿＿

　　→人命や財産の喪失，大小さまざまなインフラの被害による経済の停滞

　　　火災の発生，けがの後遺症，ストレス障害

・4＿＿＿＿＿＿＿が数か月続く

・海域で 5＿＿＿＿＿＿＿が発生する

・6＿＿＿＿＿＿＿

　　→建造物が傾いたり，交通網や地下のライフラインが被害を受けたりする

●Memo●

○水害や土砂災害

日本の河川は，水源から河口までの標高差の割には長さが

7＿＿＿＿＿＿＿，傾斜が 8＿＿＿＿＿＿＿＿

　→大雨が降ると一気に流量が増し，しばしば水害をもた
　　らす

9＿＿＿＿＿＿＿＿＿…狭い範囲に大量の雨が短期間に降る現象

・洪水，土石流，地すべりなど

・大河川が 10＿＿＿＿＿＿＿することによって水があふれる

・中小河川や用水路が 11＿＿＿＿＿＿＿によって氾濫する

　→12＿＿＿＿＿＿＿土地に浸水被害

標高〔m〕

常願寺川　ロアール川
富士川　木曽川　セーヌ川
信濃川
利根川
ローヌ川
コロラド川
メコン川

河口からの距離〔km〕

災害への備え

災害の発生は，そのときの気象条件や地域の地形・地質・地盤などの条件に大
きく左右される

　→個々の実情に合わせた予報を行うのはむずかしい

地元自治体の公開している防災情報

　→13＿＿＿＿＿＿＿＿＿を理解する

　　早めに安全な場所へ避難する準備をととのえておく

警報・特別警報　…気象庁から発表される

防災と減災

・14＿＿＿＿＿＿＿＿＿

　…その存在自体が災害を起こす可能性をもっている事物や現象

　　火山，活断層，急峻な地形，河川など

・15＿＿＿＿＿＿＿…人間社会が被害を受ける危険性

　　→ハザードに近接した土地で生活することでリスクは高まる

・16＿＿＿＿＿＿＿＿＿＿…各種の災害に対して，どこにどんなハザードがあるかを地図上に示し
　　　　　　　　　　たもの

　→想定を上まわる現象が起こることもないとはいえない

・17＿＿＿＿＿…自然災害をもたらす現象が発生し，そのときには被害が発生することを前提にし
　　　　　　て，その被害の程度を 18＿＿＿＿＿＿＿＿ためのとり組み

●Memo●

131

▰▰●自然から受ける恵み

火山活動や地震活動などの地球の活動は，多くの恵みも私たちにもたらす

○**石灰岩の利用**

　　石灰岩は，南方の火山島の 19＿＿＿＿＿＿＿でつくられた

　　　→プレートの運動によって現在の日本列島の位置まで運ばれて隆起した

　　　→ 20＿＿＿＿＿＿＿の原料として採掘される

　　　カルスト地形や鍾乳洞は観光資源となっている

○**マグマの熱や噴出物**

　・地下水を温め各地に 21＿＿＿＿＿を湧き出させる

　・高温の蒸気を利用した暖房や 22＿＿＿＿＿＿

　・貴重な 23＿＿＿＿＿＿を地下深くからもたらし，鉱床をつくる

　・独特な景観を生み出す

　・地下水を蓄え，湧水をもたらす

　・24＿＿＿＿＿＿は，ミネラル成分や保水性に富み，25＿＿＿＿＿に適した土壌のもととなる

○**山地と降雨**

　・火山や断層の活動で山地が高くなる

　　→湿った風が山地を越えるときに 26＿＿＿＿＿をもたらす

　　→森林を育み，さまざま生物の生息場所となるとともに，水を蓄える

　・河川によって運び出された土砂

　　→下流部に堆積して新しく 27＿＿＿＿＿を生み出す

　・活断層の活動によってつくられた直線的な地形

　　→重要な 28＿＿＿＿＿＿として古くから利用

●Memo●

132

○自然環境の保全

国立公園・国定公園 …自然景観と野生動物の保護がおもな目的

29＿＿＿＿＿＿＿＿＿…自然環境の保全

自然を活用した教育

地域の持続可能な発展

日本ジオパーク：46地域

そのうち，ユネスコ（UNESCO）に認定された

世界ジオパーク：10地域

● ユネスコ世界ジオパーク
● 日本ジオパーク

●Memo●

Check

□**1** 断層を境にして，上側にある地盤がずり下がる断層を何というか。　**1** _____

□**2** 断層を境にして，水平方向にずれる断層を何というか。　**2** _____

□**3** 逆断層ができるのは，地盤にどのような力がはたらいていたときか。　**3** _____

□**4** 大気や水などが岩石を破壊したり変質したりする作用は何か。　**4** _____

□**5** 岩石が流水や海の波などにより削られる作用を何というか。　**5** _____

□**6** 河川の堆積作用により河口付近に形成される地形は何か。　**6** _____

□**7** 沿岸流で運ばれた砂が湾の入口などで堆積して形成される地形を何とよぶか。　**7** _____

□**8** 地球表層をおおう厚さ数〜数十 km ほどの部分は何とよばれているか。　**8** _____

□**9** 地殻とマントルの上部を合わせたかたい部分，およびその下部の深さ約 100〜250km の比較的流動性が大きい部分は，それぞれ何とよばれているか。　**9** _____

□**10** プレート境界付近でしばしば見られる活動を二つ答えよ。　**10** ____，____

□**11** 日本の東側にある 2 枚の海洋プレートと西側にある 2 枚の大陸プレートの名称をそれぞれ答えよ。　**11** _____
_____
_____
_____

□**12** 日本列島のように，プレート境界で海溝やトラフとほぼ平行するように大小さまざまな島が弓状に連なっている地形を何とよぶか。　**12** _____

□**13** 現在も活動中，あるいは最近の約 1 万年間に活動した痕跡があり，いつ活動を再開してもおかしくない火山を何とよぶか。　**13** _____

□**14** マントルの一部がとけてできるものは何か。　**14** _____

□**15** 地下から上昇するマグマがいったん滞留する場所を何とよぶか。　**15** _____

□**16** 日本列島で火山分布域の海溝側の限界を何とよぶか。　**16** _____

□**17** 噴出した火山ガスが火山灰や礫を巻き上げ，斜面を高速で流下する現象を何とよぶか。　**17** _____

□**18** 地震が発生したときに，地下の最初に破壊が始まった点を何というか。　**18** _____

□**19** 海溝付近で発生する地震を何とよぶか。　**19** _____

□**20** 過去に活動をくり返し，将来も活動が予測される断層を何というか。　**20** _____

□**21** マグニチュードとは地震の何を示しているか。　**21** _____

□**22** 各地点での地震動の大きさを示す値を何とよぶか。　**22** _____

□**23** 地震動によって砂粒子が水中に浮遊し，液体のような状態になる現象を何というか。　**23** _____

□**24** 本震後に発生する地震を何とよぶか。　**24** _____

□**25** 各種の災害に対して，どこにどのような災害が発生する可能性があるかを地図上に示したものを何とよぶか。　**25** _____

確認問題

1 下の図は，断層の模式図である。次の(1)〜(2)の問いに答えよ。

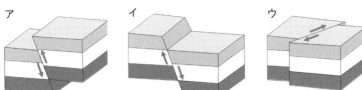

ア　　　　　イ　　　　　ウ

(1)　ア〜ウの断層の名称をそれぞれ答えよ。

(2)　ア，イの断層は，「押す力」と「引く力」のどちらの力が加わったときにできるか。それぞれ答えよ。

2 下の図は，河川による地形を表している。次の各問いに答えよ。

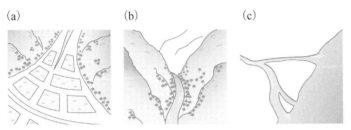

(a)　　　　　(b)　　　　　(c)

(1)　各図が示す地形の名称を答えよ。

(2)　河川の上流から下流になるよう3枚の図を並べ記号で答えよ。

(3)　河川の侵食作用でつくられた地形は(a)〜(c)のどれか。

3 右図の①〜③は火山の形を示している。次の各問いに答えよ。ただし，(2)〜(4)については，①〜③の記号で答えよ。

① 0　100 km

② 0　10 km

③ 0　1 km

(1)　①〜③の火山の名称をそれぞれ答えよ。

(2)　溶岩の粘性が最も大きい火山はどれか。

(3)　溶岩の温度が最も高い火山はどれか。

(4)　火山灰と溶岩が交互に堆積して形成された火山はどれか。

4 次の各文のそれぞれの下線部について，正しい場合には○を，誤っている場合には正しい語句を記せ。

(1)　海洋プレートが大陸プレートとぶつかるところでは，ア大陸プレートがマントル中に沈みこみ，プレート境界にイ海嶺やトラフとよばれる海底地形がつくられる。

(2)　日本では震度はア10 段階にわけられ，震度イ5〜7 はそれぞれ強と弱の二段階にわけられている。

(3)　地方自治体では，自然災害による被害を最小限におさえるため，アフィールドマップの作成を進めている。

1	
(1)ア	
イ	
ウ	
(2)ア	
イ	

2	
(1)a	
b	
c	
(2)	→　　→
(3)	

3	
(1)①	
②	
③	
(2)	
(3)	
(4)	

4	
(1)ア	
イ	
(2)ア	
イ	
(3)ア	

●Memo●

●Memo●

6　これからの科学・技術と人間　p.190〜193　　　　月　　日

●科学のこれから

知的好奇心…本質を明らかにしようとする意思

観察・実験…1＿＿＿＿＿（基本法則）の発見

　　例　生命活動を支えるのは DNA

自然界…2＿＿＿＿＿の存在

　　例　アリもいればゾウもいる

自然界は共通性をもち，かつ多様

　　→自然界のなりたちを知る研究が必要

●科学技術のあり方

誤った利用…核兵器の開発と使用

正しい利用…生活の便利さや経済的豊かさを求めた利用

利用の影響…地球環境問題の発生

●環境問題とは何か

・体の中に取り入れるものが 3＿＿＿＿＿されること

・環境自体を変化させてしまうこと

石油に依存した結果，その燃焼により発生した 4＿＿＿＿＿＿＿＿などの 5＿＿＿＿＿＿＿ガスによって地表に熱がたまり，平均気温が上昇している

地球温暖化が進むと北極や南極の氷が溶け，海抜の低い島は沈没する恐れがある

　　→環境への 6＿＿＿＿＿の少ない科学技術の開発が必要

●壊される自然

熱帯多雨林の機能

・7＿＿＿＿＿（二酸化炭素の吸収と酸素の供給）

・水の保持

・多くの生物の生活の場

　　→科学技術の力では代替不可能

　　→自然の力をいかすことがたいせつ

Check

□**1** 観察や実験で発見されるものは何か。　　　　　　　　　　**1** _____

□**2** 自然界に存在する**1**以外のものは何か。　　　　　　　　**2** _____

□**3** これからは自然界の何を知る研究が必要か。　　　　　　**3** _____

□**4** 誤った科学技術の利用例をあげよ。　　　　　　　　　　**4** _____

□**5** 正しい科学技術の利用例をあげよ。　　　　　　　　　　**5** _____

　　　　　　　　　　　　　　　　　　　　　　　　　　　　_____

□**6** 科学技術の利用によって生じた問題は何か。　　　　　　**6** _____

□**7** 私たちを取り巻く環境の例をあげよ。　　　　　　　　　**7** _____

□**8** 環境問題の例を二つあげよ。　　　　　　　　　　　　　**8** _____

　　　　　　　　　　　　　　　　　　　　　　　　　　　　_____

□**9** 今後求められている科学技術はどのようなものか。　　　**9** _____

　　　　　　　　　　　　　　　　　　　　　　　　　　　　_____

□**10** 熱帯多雨林の機能を三つ答えよ。　　　　　　　　　　**10** _____

　　　　　　　　　　　　　　　　　　　　　　　　　　　　_____

　　　　　　　　　　　　　　　　　　　　　　　　　　　　_____

確認問題

1　次の各文の（　　）に適する語句を入れよ。　　　　　　**1**

(1)　20世紀後半，生活の豊かさを求めて，(1　　　　　）をエネルギー源や人　(1) _____

　工（2　　　　　　）の原料として大量に使用した。(1　　　）に依存し　(2) _____

　すぎた結果，その燃焼によって生じた（3　　　　　　　），地球　(3) _____

　（4　　　　　　）を引き起こしているのではないかと指摘されている。自然　(4) _____

　を知る科学を進めると同時に，（5　　　　　　）への負荷の少ない　(5) _____

　（6　　　　　　）の開発が求められる。　　　　　　　　　　　　(6) _____

(2)　（4　　　　　　）のような思いがけない影響のほかに，（7　　　　　）が自　(7) _____

　然を破壊している事実にも向き合わなければならない。その例が森林の破　(8) _____

　壊である。なかでも問題なのが（8　　　　　　　　　）である。光合成，（9　　）　(9) _____

　の保持，多くの生物の生活の場という森林のもつ能力を，（6　　　　　）　(10) _____

　の力で代替することは不可能であり，破壊をくい止め，（10　　　　　）によ

　って森林をとり戻す努力が求められている。

2　右のグラフは，ハワイ・マウ　　　　　　　　　　　　　　　　**2**
ナロア山で測定した大気中の
二酸化炭素濃度の推移であ
る。このような変化をしてい
る理由を答えよ。

二酸化炭素濃度〔ppm〕

390 380 370 360 350 340 330 320
1977 80 85 90 95 2000 05 09〔年〕

●Memo●

科学と人間生活	ふり返りシート	年　　　組　　　番　名前

　各単元の学習を通して，学習内容に対して，どのぐらい理解できたか，どのぐらい粘り強く学習に取り組めたか，○をつけてふり返ってみよう。また，学習を終えて，さらに理解を深めたいことや興味をもったこと，学習のすすめ方で工夫していきたいことなどを書いてみよう。

●1章　科学と技術の発展　(p.2〜5)

○学習の理解度　　　　　　　　　　　　　　○粘り強く取り組めたか　　　　　　　　　　確認欄

できなかった　1　2　3　4　5　できた　　　できなかった　1　2　3　4　5　できた

○学習を終えて，さらに理解を深めたいことや興味をもったこと　など

●2章　1節　材料とその再利用　(p.8〜25)

○学習の理解度　　　　　　　　　　　　　　○粘り強く取り組めたか　　　　　　　　　　確認欄

できなかった　1　2　3　4　5　できた　　　できなかった　1　2　3　4　5　できた

○学習を終えて，さらに理解を深めたいことや興味をもったこと　など

●2章　2節　食品と衣料　(p.28〜41)

○学習の理解度　　　　　　　　　　　　　　○粘り強く取り組めたか　　　　　　　　　　確認欄

できなかった　1　2　3　4　5　できた　　　できなかった　1　2　3　4　5　できた

○学習を終えて，さらに理解を深めたいことや興味をもったこと　など

●3章　1節　ヒトの生命現象　(p.44〜55)

○学習の理解度　　　　　　　　　　　　　　○粘り強く取り組めたか　　　　　　　　　　確認欄

できなかった　1　2　3　4　5　できた　　　できなかった　1　2　3　4　5　できた

○学習を終えて，さらに理解を深めたいことや興味をもったこと　など

●3章　2節　微生物とその利用　(p.58〜69)

○学習の理解度　　　　　　　　　　　　　　○粘り強く取り組めたか　　　　　　　　　　確認欄

できなかった　1　2　3　4　5　できた　　　できなかった　1　2　3　4　5　できた

○学習を終えて，さらに理解を深めたいことや興味をもったこと　など

●4章　1節　熱の性質とその利用　(p.72〜85)

○学習の理解度
できなかった　1　2　3　4　5　できた
○粘り強く取り組めたか
できなかった　1　2　3　4　5　できた

確認欄

○学習を終えて，さらに理解を深めたいことや興味をもったこと　など

●4章　2節　光の性質とその利用　(p.88〜101)

○学習の理解度
できなかった　1　2　3　4　5　できた
○粘り強く取り組めたか
できなかった　1　2　3　4　5　できた

確認欄

○学習を終えて，さらに理解を深めたいことや興味をもったこと　など

●5章　1節　太陽と地球　(p.104〜119)

○学習の理解度
できなかった　1　2　3　4　5　できた
○粘り強く取り組めたか
できなかった　1　2　3　4　5　できた

確認欄

○学習を終えて，さらに理解を深めたいことや興味をもったこと　など

●5章　2節　身近な自然景観と自然災害　(p.122〜135)

○学習の理解度
できなかった　1　2　3　4　5　できた
○粘り強く取り組めたか
できなかった　1　2　3　4　5　できた

確認欄

○学習を終えて，さらに理解を深めたいことや興味をもったこと　など

●6章　これからの科学と人間生活　(p.138〜139)

○学習の理解度
できなかった　1　2　3　4　5　できた
○粘り強く取り組めたか
できなかった　1　2　3　4　5　できた

確認欄

○学習を終えて，さらに理解を深めたいことや興味をもったこと　など